黄河中上游银川段
傍河取水可行性研究

薛忠歧　段晓龙／主编

黄河出版传媒集团
阳光出版社

图书在版编目（CIP）数据

　　黄河中上游银川段傍河取水可行性研究 / 薛忠歧,
段晓龙主编. -- 银川：阳光出版社, 2019.11
　　ISBN 978-7-5525-5082-5

　　Ⅰ. ①黄… Ⅱ. ①薛… ②段… Ⅲ. ①黄河中、上游
－地下取水－可行性研究－银川 Ⅳ. ①TU991.11

　　中国版本图书馆CIP数据核字(2019)第263608号

黄河中上游银川段傍河取水可行性研究　　　薛忠歧　段晓龙　主编

责任编辑　胡　鹏　朱双云
封面设计　晨　皓
责任印制　岳建宁

黄河出版传媒集团　出版发行
阳　光　出　版　社

出 版 人　薛文斌
地　　址　宁夏银川市北京东路139号出版大厦（750001）
网　　址　http://www.ygchbs.com
网上书店　http://shop129132959.taobao.com
电子信箱　yangguangchubanshe@163.com
邮购电话　0951-5014139
经　　销　全国新华书店
印刷装订　宁夏凤鸣彩印广告有限公司
印刷委托书号　（宁）0015433

开　　本　720mm×980mm　1/32
印　　张　4.25
字　　数　110千字
版　　次　2019年12月第1版
印　　次　2019年12月第1次印刷
书　　号　ISBN 978-7-5525-5082-5
定　　价　45.00元

宁夏水文地质环境地质勘察创新团队简介

"宁夏水文地质环境地质勘察创新团队"（以下简称"团队"），是由宁夏回族自治区人民政府于 2014 年 8 月 2 日批准成立。专业从事水文地质调查、供水勘察示范、环境地质调查、地质灾害调查、地热资源勘查、矿山环境治理等领域研究，通过不断加强科技创新能力建设，广泛开展政产学研用结合，攻坚克难，在勘查找水、水资源评价、生态环境调查评价与环境评估治理等方面取得了一系列重大成果。团队集中了宁夏地质局系统 60 余位水工环领域科技骨干，依托地质局院士工作站、博士后科研工作站、中国地质大学（北京、武汉）产学研基地以及"五大业务中心"等科研平台，结合物化探、实验检测、高分遥感测绘等新技术新方法，较系统地开展了区内外水文地质环境地质勘察领域科技攻关，累计承担国家和宁夏回族自治区各类科技攻关项目 30 项，获得国家和宁夏回族自治区各类奖励 8 项，发表科技论文 126 篇，出版专著 8 部。经过几年来的努力发展，团队建设日益完善，已形成以团队带头人为核心，以专家为指导，以水工环地质领军人才为主体的综合优秀团队，引领宁夏回族自治区水文地质环境地质工作健康蓬勃发展，持续为宁夏回族自治区民生建设、生态环境建设、城市及重大工程建设、防灾减灾，环境治理与保护提供着有力的科技支撑与资源保障。

前　言

　　地下水傍河水源地在我国沿河而建的大中城市中普遍采用，但可开采出的地下水资源量和水质常常无法满足开采要求。本书以青铜峡市叶盛镇到永宁县东升村段傍河取水为例，分析论证研究区地下水水量和水质能否满足开采要求。

　　本次研究主要内容：在分析研究国内外研究现状的基础上，从系统论的角度着眼，综合运用地面调查、电法勘查、钻探取样等多种手段，查清研究区含水层水文地质条件，运用地下水动力学、水文地球化学、傍河抽水试验的原理和方法，分析研究地下水与黄河补排关系，研究表明黄河水对地下水的补给量约占开采量的50%，且连续抽水7天，黄河激发补给水量下降5%~8%，傍河开采井所截取的水量较少。运用地下水数值模拟技术求得田间灌溉入渗补给量占总补给量的68.39%，蒸发和排水沟排泄分别占总排泄量的40.36%和40.32%。日开采$1.6×10^5$ m³/d 时，研究区潜水含水层迅速疏干，按设计25 m降深作为限值可获得的允许开采量$5.673×10^4$ m³/d，此时得到的黄河激发补给量$1.501×10^4$ m³/d，占总补给量的26.4%。通过采集水样及重金属污染土壤样，分析研究区地下水潜在的环境污染风险，结果表明地表水和地下水中总氮、总磷、石油类、大肠杆菌、铁、锰、硫酸盐、溶解性总固体等离子存在超标情况，排水沟边土壤镉离子和铅离子存在超标情况。研究区大量开采地下水资源后，随着补排关系改变，对地下水水质产生威胁。

本书以"叶盛-东升段取水可行性水文地质勘察"项目为依托，撰写过程中受到了"长安大学旱区地下水文与生态效应创新团队"和"宁夏水文地质环境地质勘察创新团队"的共同指导，由宁夏高层次科技创新领军人才项目进行经费资助。在此予以衷心感谢，由于作者水平有限,本书编写不足之处还请广大读者批评指正。

编　者

2019 年 3 月

目　录

第1章 绪 论

1.1 国内外研究现状

1.1.1 国外研究概况

在早期的研究中，Theis（1935）最早提出了河水与地下水的转化模型，即泰斯井流模型。该模型通过数学变换和数学推导后，得到泰斯井函数。1941 年在泰斯井流模型的基础上，泰斯又提出了完整河渠傍河完整井抽水模型，该模型可用于模拟承压含水层抽水，也可以近似模拟符合 Dupuit 假设的潜水含水层抽水。

M.S.Hantush 和 C.E.Jacob（1955）在泰斯井流模型的基础上提出了考虑越流补给的井流模型，推导出 Hantush 公式。之后 Hantush 又于 1965 年提出了潜水含水层在完整河渠傍河抽水影响下，河水地下水转化的解析解模型，该模型首次考虑了河床周围弱透层对地下水转化的影响。Hunt（1999）进一步研究了考虑河床的傍河抽水模型，河床周围有弱透层的非完整河渠位于完整井抽水的有效影响半径范围内，相对于 Hantush 提出的河水地下水转化的解析解模型，该模型模拟了更复杂的河流地下水转化问题，与 MODFLOW 软件模拟的结果拟合的更好。但是从假设条件可以看出，该模型不适合大强度抽水后河流与含水层失去水力联系的情况，并且也没有考虑越河渗流的问题，以及河渠宽度对模型的影响。

YakupDarama（2001）研究了在傍河周期性抽水井影响下河水和地下水的转化模型。该模型是在 Spalding 和 Khaleel（1991）提出的模型基础上发展而来的，它考虑了在抽水影响半径内，河流非完整性及河床弱透层性等影响因素在傍河抽水中的作用，以及在这些影响因素下，由傍河抽水引起的河流量衰减的变化规律。可以看出，以解析解模型来研究在傍河抽水影响下河流与地下水转化，能实现以函数的形式准确直观地反映河流与地下水转化的关系；但也只适用于理想状态或结构简单的含水层，并且在求解过程中为了模型条件的简化，一般都忽略了河流切割含水层的完整程度、河床弱透层的复杂结构、抽水后含水层的弹性释水、大强度抽水时河水和地下水失去水力联系后河流向地下水的补给转化为非饱和渗流等因素导致河流和地下水转化量计算不准确。

1.1.2 国内研究概况

刘国东、李俊亭（1997）进行了傍河抽水强烈开采机理研究。该研究建立一个垂向二维砂槽模拟傍河强烈开采地下水的实验模型，根据饱和－非饱和渗流理论，建立数学模型求解。研究结果表明：实验剖面上的浸润曲线是一条下凹曲线，并且随着傍河抽水强度的增大，曲线的下凹程度增大，直至河水与地下水产生脱节；脱节点不是紧接着河床的，而是河床下面的某一个位置；河床下产生悬挂饱水带。在之后的几年里，刘国东、李俊亭等人又对该过程做了更深一步地研究，用数值模拟的方式验证实验结果，并模拟在不同含水层介质、不同水位动态下河流和地下水的水力联系。研究发现，由于悬挂饱水带的存在，河流地下水脱节后，河流通过悬挂饱水带仍以"渗入式"补给地下水，这说明之前学术界普遍认为的"淋滤式"补给在描述河流地下水脱节后的水流运动机理上是不准确的。但是刘国东等对该过程的上边界条件及包气带中致密层（涉及河流对地下水补给的影响带）的作用没有进一步研究，所以所提出的模型对解决实际问题还有一定的困难。

潘世兵、王忠静等(2002)做了关于河流和地下水转化量的研究，提出了一种新的模拟预测方法。它将河流越流系数做适当处理后用来表示河流和地下水的转化量，然后再将转化量计算模型同三维地下水数值模型完全耦合，以预测在有人工开采或补给条件下，地表水与地下水转化量的变化趋势。该方法适合多含水层系统的情形。

王文科（2011）等人通过室内砂槽试验，模拟了在六种不同试验方案下，河流向地下水转化的水动力过程。通过试验模拟，影响河流与地下水关系演化过程的主要因素有河水水位的变化、地下水潜水面的下降、河床形状、河床弱透层及含水层介质。他们还重新定义了河流与地下水脱节的概念，认为河流和地下水脱节是发生在地下潜水面降低至河床下悬挂饱水带以下，并与悬挂饱水带之间存在明显的包气带。

1.2 研究主要内容及方法

1.2.1 研究主要内容

（1）分析研究区含水层空间结构分布特征、粒径组成及分布特点、含水层的渗透性，建立水文地质概念模型。

（2）通过傍河抽水试验，论证和分析单井可开采水量；揭示开采条件下黄河与地下水的水力联系强弱关系。

（3）开展研究区地下水均衡分析，建立数值模型，评价地下水资源量。

（4）采集黄河、鱼塘、排水沟和地下水水样及排水沟边土壤重金属污染土样，分析论证地下水环境风险。

1.2.2　研究方法

采用查阅文献资料法和实地调查法相结合地研究方法。文献资料法就是系统地搜集研究区的自然地理、地质、水文地质等方面的国内外研究文献，从较高的起点把握了国内外在该领域的研究现状及热点研究问题，并针对研究区的勘查与研究现状，提出存在的主要问题，解决问题的研究思路与途径。实地调查法是针对要解决的问题，在研究区开展水文地质调查、傍河抽水试验、采集分析水样品和土样品等工作，获得相关试验和化验数据，为本次研究工作提供数据支撑（图1-1）。

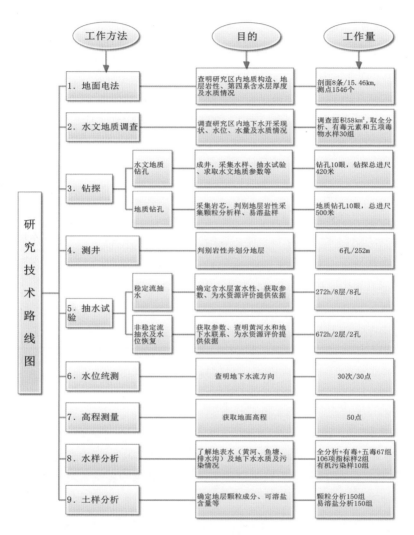

图 1-1 研究技术路线图

第2章　研究区概况

位置：研究区位于宁夏回族自治区银川平原南部，行政区划属永宁县及青铜峡市所辖。具体范围在青铜峡市叶盛镇黄河大桥以北，永宁县东升村以南，黄河西侧，109国道以东的区域，南北长30 km，东西宽1~2.5 km，总面积58 km²（图2-1）。

气象：研究区处于干旱半干旱气候区，降水稀少，蒸发强烈。多年平均气温10.31℃，1月份平均气温−7.03℃，7月份平均气温24.31℃。多年平均降水量181.99 mm，多集中在6~9月份，占全年降水量的72.6%，最大降水量分布在7月，最小降水量出现在1月份、2月份、12月份（图2-2）。多年平均蒸发量1720 mm，3~10月份占全年蒸发量的87.7%。冬春两季多风，主要风向为西风和西北风，多年平均风速1.74~4.3 m/s，大风之日多伴沙尘天气。

水文：流经本区的人工灌溉干渠为惠农渠，长度约30 km，年总引水量为7.36亿 m³。渠系每年4月下旬放水灌溉农田，9月中、下旬停水，10月下旬至11月中旬再次放水进行冬灌，全年放水时间约170天。研究区内排水沟共有5条，自北而南依次为中干沟、第一排

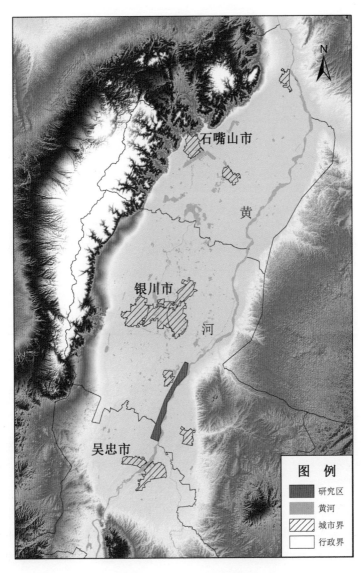

图 2-1 研究区分布图

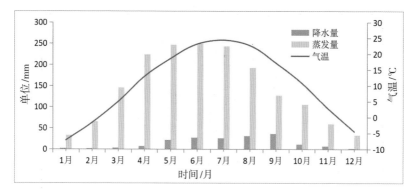

图 2-2　研究区气象要素图

水沟、丰登沟、胜利沟、反帝沟（图 2-3），主要用于排泄农田灌溉余水、工厂废水、生活污水及少量地下水，最终流向黄河。2017 年 9 月 14～15 日实测流量中干沟为 585.85L/s，第一排水沟 47.77L/s，胜利沟 333.33L/s。

流经研究区的主要河流为黄河，主要特点是水位、水量变化大，含沙量高，侵蚀模数大。黄河干流出青铜峡口后，在研究区内流程约 30 km，据青铜峡市水文测量站资料，多年平均径流量为 $236.4 \times 10^8 \, m^3/a$。实测最大流量为 2012 年 8 月 28 日的 3050 m^3/s，相应水位标高 1137.55 m，河水水量充沛（图 2-4、表 2-1）。

2.2　地质地貌

2.2.1　地质

研究区地处银川平原之南，属新生代以来逐步形成的拉张型地堑式断陷盆地，呈北东—南西向延伸。受构造运动影响，盆地呈东缓西陡、南北高中部低的基底形态特征。在漫长的地质历史过程中受黄河

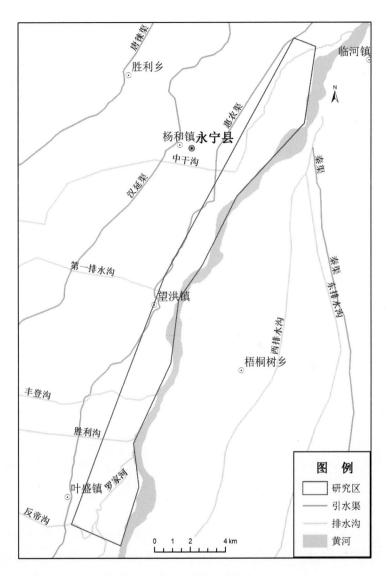

图 2-3　研究区水系分布图

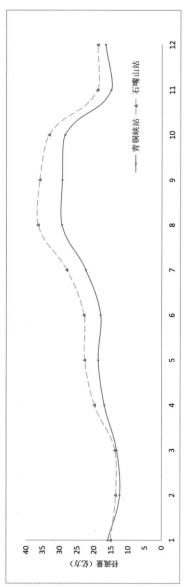

图2-4 黄河（青铜峡、石嘴山两站）多年平均流量过程曲线

表2-1 黄河平均月经流及百分比年均径流量

站名	1月	2月	3月	4月	5月	6月	7月	8月	9月	10月	11月	12月	多年平均径流量/10⁸m³	7~10月/%
青铜峡	15.9 7%	12.4 5%	13.3 6%	16.9 7%	18.7 8%	18 8%	22.4 9%	29.4 12%	29.3 12%	28.5 12%	15 6%	16.6 7%	236.4	45.0%
石嘴山	15.1 5%	13.6 5%	13.8 5%	19.8 7%	22.7 8%	22.9 8%	28 10%	36.4 13%	35.9 13%	33.2 12%	19 7%	18.9 7%	279.3	48.0%

迁徙影响，逐步堆积了巨厚的冲积、湖积松散堆积物，进而形成现代地貌格局。根据前人资料，盆地沉降中心位于平罗县、贺兰县、永宁县一带，第四系沉积厚度超过 1400 m，向盆地边缘迅速减薄（图2-5、图2-6）。研究区及周边主要出露地层为黄河冲湖积层及台地边缘洪积层，现分述如下：

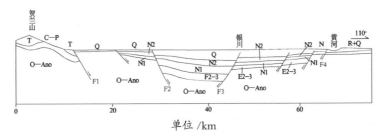

图 2-5　银川盆地基底构造示意图

（1）风积层（Q_h^{3eol}）：中细砂、粉砂。

（2）冲积层（Q_h^{3al}）：分布于黄河河漫滩，为粉细砂夹黏砂土及砂卵砾石。

（3）湖沼积层（Q_h^{3lh}）：分布于永宁县惠丰村北侧的低平碱滩地，岩性为黏性土、粉细砂夹淤泥。

（4）冲积湖积层（Q_h^{2al}）：分布于黄河一级阶地，岩性以砂黏土、黏砂土、粉细砂夹淤泥及砂卵砾石。

（5）西大滩组（Q_{hx}^{1-2}）：分布于黄河二级阶地，岩性为黏性土、粉细砂夹淤泥质黏土及砂卵砾石。

（6）洪积层（Q_p^{3-2p}）：主要分布于吴灵平原后缘与台地交界处，以砂砾碎石夹黏性土为主。

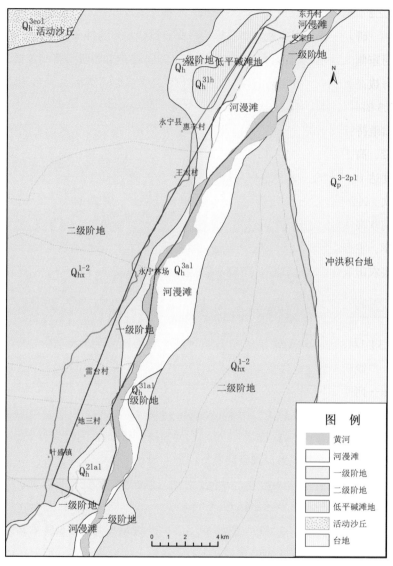

图 2-6　研究区地质地貌图

2.2.2　地貌

研究区及其周边地貌形态单一，成因类型主要为冲湖积平原及黄河东侧的冲洪积台地区。平原呈近南北向展布，地势西南高北东低，海拔高程 1109～1120 m，地形平坦开阔，呈平缓倾斜状，地形坡降 0.3‰～0.5‰，其上排灌沟渠纵横交错，多湖沼洼地。第四纪以来，盆地持续性沉降，一级阶地呈近似平行于黄河，出露于本区的近河地带，高于河漫滩 0.5～1.0 m。二级阶地在黄河东西两岸广泛发育，宽度达 10～20 km，地面平坦开阔，与一级阶地交界处可见 1.0～2.0 m 陡坎。冲洪积台地分布于黄河东岸，紧邻吴灵平原，海拔 1110～1150 m，前坎高 10～20 m，地面冲沟切割，多较破碎。研究区分布于黄河西岸，主要为河漫滩、一级阶地及二级阶地前缘，由于人类活动使得地表农田成片、沟渠纵横，形成独特的灌区地貌景观。

2.3　水文地质特征

2.3.1　区域地下水系统

银川平原为新生代以来逐步形成的拉张型地堑式断陷盆地，呈北东—南西向延伸。自新生代以来盆地接受沉积，形成了一套巨厚的冲积、湖积为主的沉积建造，第四系厚度最大达到 1605 m。根据银川平原沉积结构、地层特征以及区域含水岩组的划分特征，银川平原地下水含水岩组划分为单一潜水区和多层结构区。单一潜水区主要分布于银川平原南部的黄河峡口（黄河峡口洪积扇单一潜水 II_{1-1}）、西部的贺兰山东麓山前平原（贺兰山东麓洪积斜平原单一潜水 II_{1-2}）和东北部的黄河漫滩（黄河漫滩单一潜水 II_{1-3}），岩性以粗砂为主，黏性土多以透镜状分布，上下水力联系较好，构成单层水文地质结构。多层结构区分布于广大河湖积平原和冲洪积平原，砂层和黏性土层相间分布，含水层之间隔水层分布连续，构成多层水文地质结构。垂向上将多层结构区划分为3个含水岩组，第Ⅰ含水岩组指上覆潜水，底板埋深50~70 m；第Ⅱ含水岩组为承压含水层，底板埋深150~170 m；第Ⅲ含水岩组底板埋深250~270 m。第Ⅱ、第Ⅲ含水岩组地下水循环缓慢，水质较好，水量稳定，为目前主要城镇供水的开采目的层。

2.3.2 地下水类型及赋存条件

1. 含水层结构特征

研究区位于银川平原潜水承压水多层结构区，南与黄河青铜峡峡口洪积扇单一潜水区相接，东侧抵达黄河岸边。第Ⅰ含水岩组底板埋深50~60 m，含水层岩性以卵石、细砂及黏性土为主。且受到黄河迁徙及水动力作用减弱影响，由南向北呈现粒径变小黏粒含量增多的规律。

研究区Ⅴ—Ⅴ'剖面（望洪镇）以南，含水层为结构单一的松散细砂及卵石层，卵石埋深33.8~41.4 m，越靠近黄河埋深越浅。Ⅳ—Ⅳ'剖面（王太村）含水层在27.3~30.2 m和40.4~45.6 m分别出现厚2.9 m和5.2 m黏砂土夹层。北部Ⅲ—Ⅲ'剖面黏性土含量增多，出现3~4层黏性土夹层，且在33.6~40.0 m为厚6.4 m的黏土层。总体看，研究区埋深50 m以浅含水层自南向北由砂卵石过渡为细砂夹黏性土层，越往北黏粒含量越多，粒径越小（图2-7、图2-8）。

2. 潜水含水层埋藏条件

永宁县城东边的王太村以北至东升村，水位埋深小于3 m，其中东升村一带以及王太村以东至黄河边，水位埋深多数在1~2 m，王太村以南至叶盛镇水位埋藏深度基本都大于3 m，望洪镇以东至黄河，以及东方村ZK06孔组一带水位埋深在2~3 m（图2-9）。

3. 潜水含水层富水性

研究区内，东方村以北至北部边界，潜水富水性基本都在

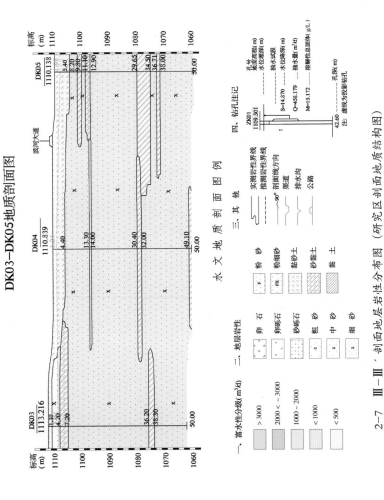

2-7 Ⅲ-Ⅲ′剖面地质结构图（研究区剖面地质结构图）

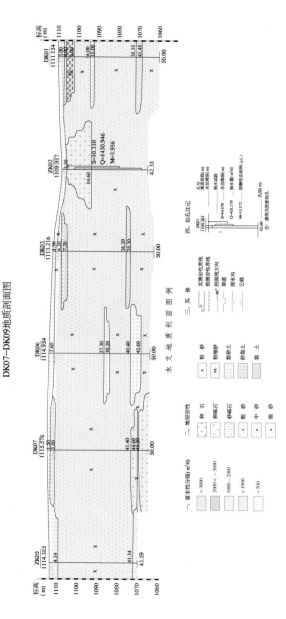

图 2-8　南北向剖面地层岩性分布图（研究区剖面地质结构图）

图 2-9　潜水水位埋深分区图

1000～2000 m³/d，望洪镇北边以及东方村以南至胜利沟两块面积较小的区域内富水性在2000～3000 m³/d，胜利沟以南研究区内富水性都大于3000 m³/d（图2-10）。

2.3.3 地下水补径排特征

研究区潜水含水层补给来源有：田间灌溉水回渗补给、大气降水入渗补给、侧向径流补给以及渔塘等地表水体渗漏补给。研究区内灌溉系统完善，渠系纵横交错，田间灌溉回渗是研究区地下水主要补给来源。降水入渗补给量的大小受地形、地貌、包气带岩性及厚度、降水性质、植被等方面因素的影响。本地区包气带多为细砂，地下水埋深较浅，有利于降水渗入，降水入渗对地下水有一定补给。此外渔塘、沟渠等地表水体下渗对地下水也有少量的水量补给。

潜水径流方向大致与地形坡度一致，地势西南高北东低，地下水由西南向黄河径流，见图2-11。

潜水的排泄方式主要是蒸发排泄、排水沟排泄和向黄河排泄等。研究区潜水水位埋深多小于3 m，因而地下水蒸发极为强烈。研究区内有多条排水沟，大部分深度超过潜水埋深。主要排水干沟有：中干沟、丰登沟、罗家河、第一排水沟、胜利沟等。排水沟除排泄灌溉回水、渠道退水、降水形成的地表水流、生活污水、工业废水外，还排泄地下水。根据潜水等水位线图看，研究区潜水水位高于黄河水位，即地下水向黄河排泄。

2.3.4 地下水水化学特征

1.地下水水化学类型

研究区东升五队以北区域潜水水化学类型以 $HCO_3-Na \cdot Mg$ 型，$HCO_3-Na \cdot Ca \cdot Mg$ 型为主（图2-12）；在望远镇永清村A5点和永宁县黄河大桥下A9点出现了 $Cl-Na$ 型和 $SO_4 \cdot Cl-Na$ 型水；东升五队以南

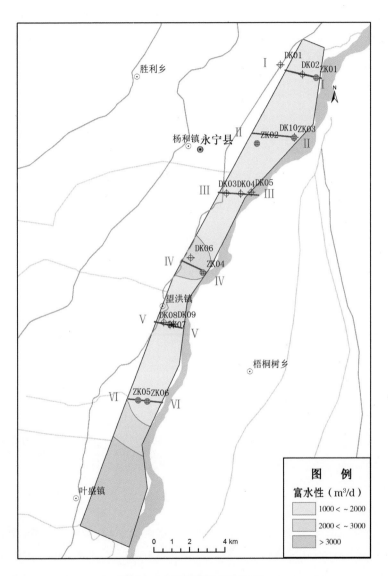

图 2-10 潜水富水性分区图

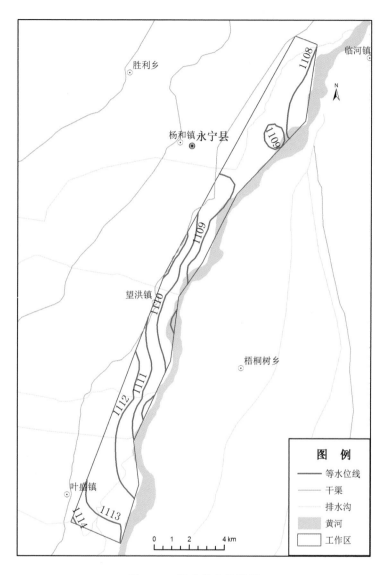

图 2-11 潜水等水位线图

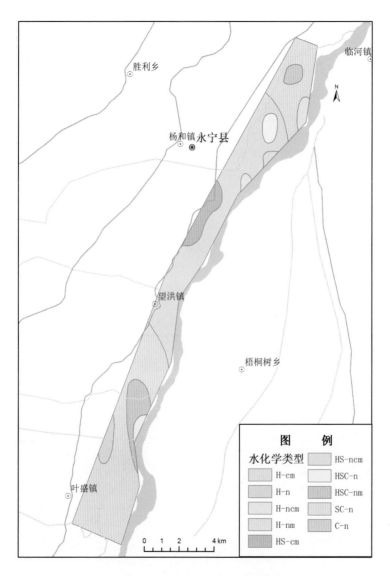

图 2-12　地下水水化学类型分布图

到南方三队以北区域以 $HCO_3 \cdot SO_4$–$Na \cdot Ca \cdot Mg$ 与 $HCO_3 \cdot SO_4$–$Ca \cdot Mg$ 型水为主；王太护岸林场 A14 点为 $SO_4 \cdot Cl$–Na 型水；南方三队以南到叶盛区域地下水化学类型主要是 HCO_3–$Ca \cdot Mg$ 型；在东方村附近 ZK05 号钻孔出现高溶解性总固体水，水化学类型为 $SO_4 \cdot Cl$–$Na \cdot Mg$；研究区地下水水化学组分形成作用主要是蒸发 – 浓缩作用。

利用本次工作采集地表排水沟、渔塘及黄河水与地下水常规离子做出了 Piper 三线图（图 2-13）。从图中可以看出，研究区地下水和地表水各离子集中分布，溶解性总固体高的地下水以 Cl^- 和 $Na^+ \cdot K^+$ 为主，溶解性总固体低的地下水以 $CO_3^{2-} \cdot HCO_3^-$ 和 $Ca^+ \cdot Mg^+$ 为主。地表水和地下水集中分布，两者间各离子相对含量差异明显，反映出天然状态下地表水和地下水水力联系相对较差。

2. 溶解性总固体分布规律

根据本次调查与钻孔水样分析，研究区自武庙 – 黄河一线向北地下水溶解性总固体基本大于 1 g/L，从武庙到陶家寨一带研究区水质较好，溶解性总固体总体小于 1 g/L，从陶家寨到胜利沟一带溶解性总固体又大于 1 g/L，胜利沟向南到叶盛镇南溶解性总固体小于 1 g/L，与物探解译结果基本一致。本次调查与钻孔显示有部分地区地下水溶解性总固体较高，ZK01 号钻孔达到 15.172 g/L，ZK03 达到 18.857 g/L，南部的 ZK05 孔也达到了 5.32 g/L（图 2-14）。

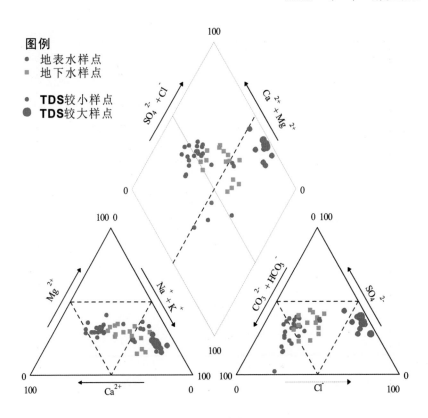

图 2-13　地下水及地表水 Piper 三线图

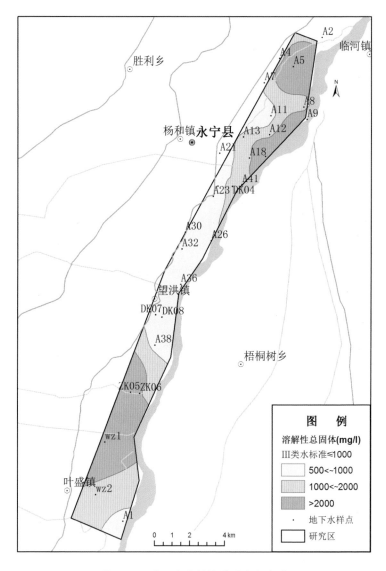

图 2-14　地下水溶解性总固体分布图

第3章 抽水试验及参数计算

水文地质抽水试验是通过从钻孔或水井中抽水，定量评价含水层富水性、测定含水层水文地质参数和判断水文地质条件的一种野外试验工作方法，是地下水资源调查中不可缺少的重要手段。本次研究采用单孔稳定流抽水试验求得地层渗透系数、大口径井傍河抽水试验论证和分析单井可开采水量，揭示开采条件下黄河与地下水的水力联系强弱关系。

3.1 单井稳定流抽水试验

3.1.1 抽水试验布置及抽水试段

单孔抽水试验是以查明研究区潜水的富水程度、评价井（孔）的出水能力及确定含水层水文地质参数为主要目的。本次单孔稳定流抽水试验孔沿黄河西岸南北向均匀分布，南北间距 3～6 km。新布 6 眼稳定流抽水试验孔，收集前人钻孔抽水数据 2 眼。抽水试验钻孔分布见图 3-1、表 3-1。

抽水试段以潜水作为本次工作目的层，上部以潜水面为界，下部以研究控制深度 42 m 为界。抽水井概化为潜水完整井，采用三次降深的单孔稳定流抽水试验方法，利用潜水完整井 Dupuit 公式计算参数。

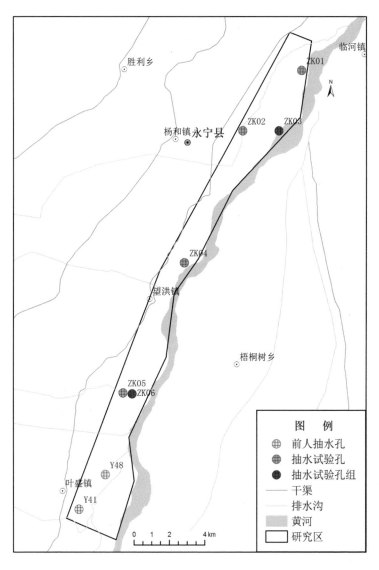

图 3-1　抽水试验钻孔分布图

表 3-1　抽水试验钻孔基本情况一览表

序号	孔号	井深/m	直径/mm	滤水管长度/m	静水位埋深/m	抽水试段/m	备注
1	ZK01	42	Φ203	24	2.07	2.07~42.00	新布
2	ZK02	42	Φ203	24	2.65	2.65~42.00	新布
3	ZK03	51	Φ800	24	3.39	3.39~42.00	新布
4	ZK04	42	Φ203	30	2.59	2.59~42.00	新布
5	ZK05	42	Φ203	24	3.09	3.09~42.00	新布
6	ZK06	42	Φ1200	24	3.3	3.30~42.00	新布

3.1.2　水文地质参数计算

单孔稳定流抽水试验参数计算采用潜水完整井（图 3-2、表 3-2、图 3-3、图 3-4）Dupuit 公式：

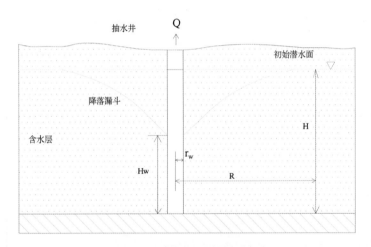

图 3-2　潜水完整井计算示意图

$$K=\frac{0.733Q\ (LgR-lgr)}{(2H-S)\ S}$$

$$R=2S\sqrt{HK}$$

$$S=H-Hw$$

式中:

S——井中水位降深;

Q——抽水井流量;

H——抽水前抽水孔水头;

Hw——稳定时抽水孔水头;

K——渗透系数;

r——井的半径;

R——影响半径。

表 3-2　单孔稳定流抽水试验数据表

孔号	含水层厚度/m	落程	静水位埋深/m	动水位埋深/m	降深/m	涌水量/(m³·d⁻¹)	单位涌水量/(L·s⁻¹·m⁻¹)
ZK01	50.53	1	2.07	16.94	14.87	458	0.357
ZK01	50.53	2	2.07	9.18	7.11	342	0.556
ZK01	50.53	3	2.07	5.63	3.56	223	0.725
ZK02	39.35	1	2.65	12.96	10.31	1431	1.603
ZK02	39.35	2	2.65	8.32	5.67	855	1.739
ZK02	39.35	3	2.65	5.74	3.09	593	2.214
ZK03	45.913	1	3.39	22.38	18.99	5230	3.178
ZK03	45.913	2	3.39	10.19	6.81	2903	4.923
ZK03	45.913	3	3.39	6.59	3.20	1655	5.967
ZK04	38.906	1	2.59	11.20	8.60	1444	1.937
ZK04	38.906	2	2.59	8.78	6.18	1291	2.410
ZK04	38.906	3	2.59	5.81	3.22	781	2.803
ZK05	38.488	1	3.09	12.98	9.89	1435	1.674
ZK05	38.488	2	3.09	9.1	6.01	890	1.709
ZK05	38.488	3	3.09	6.281	3.19	487	1.762
ZK06	37.9	1	3.30	27.1	23.80	3851	1.868
ZK06	37.9	2	3.30	13.3	10.00	2416	2.789
ZK06	37.9	3	3.30	5.8	2.50	812	3.750

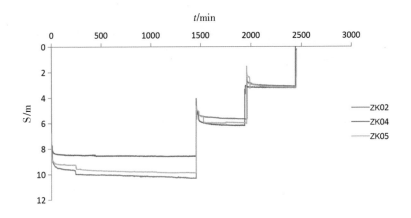

图 3-3 单孔稳定流抽水降深 (S) —时间 (t) 曲线

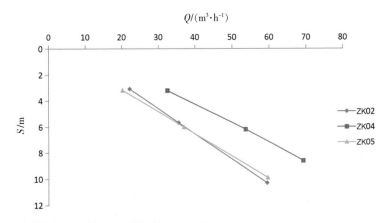

图 3-4 单孔稳定流抽水流量 (Q) —降深 (S) 曲线

3.1.3 含水层参数及富水性

研究区含水层岩性以细砂为主, 夹砂砾石层, 渗透系数 5~10 m/d, 单井涌水量 1600~2000 m³/d (换算 10 m 降深, 305 mm 井径), 钻孔影响半径多小于 300 m, 大口径井影响半径约 777 m (表 3-3)。

表 3-3　单孔稳定流抽水试验参数计算一览表

序号	孔号	渗透系数 K /(m·d⁻¹)	影响半径 R /m	单孔出水量 /(m³·d⁻¹)	降深 S /m	换算水量 Q /(m³·d⁻¹)
1	ZK01	1.384	194	458	14.87	377
2	ZK02	5.15	193	1431	10.31	1701
3	ZK03	10.2	777	5230	18.99	1701
4	ZK04	6.79	264	1444	8.60	2058
5	ZK05	4.93	287	1435	9.89	1779
6	ZK06	6.87	776	3851	23.8	1656

3.2　大口径井组傍河抽水试验

3.2.1　抽水试验井组分布及结构

ZK03 井组位于永宁县杨和镇黄河堤坝西侧（图 3-5），由 1 眼主

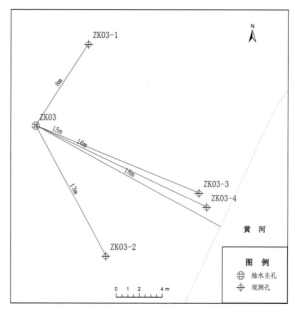

图 3-5　ZK03 大口径井（井组）分布图

孔和 4 眼观测孔组成抽水试验井组，抽水主孔距离黄河岸边 18 m。含水层岩性以细砂为主，埋深 20.40 ~ 22.8 m，被 2.4 m厚砂黏土分为上下两层。ZK03 抽水主孔井深 50.2 m，直径 Φ800 mm，滤水管位于 5.2 ~ 17.2 m 和 29.2 ~ 47.2 m 深度，18 ~ 24 m 为分层止水，分两个抽水试段（图 3-6）。ZK03-1 和 ZK03-2 观测孔距离 ZK03 井分别为 8 m 和 13 m，呈平行于黄河和交于黄河两个方向布置，井深为 41.2 m，井口直径 203 mm，上下同层用于监测混合抽水时流场变化特征。ZK03-3 和 ZK03-4 位于 ZK03 与黄河之间，分别与 ZK03 孔相距 15 m 和 16 m，距离黄河 2 ~ 3 m；这两眼观测孔为 PVC 管，井口直径 Φ50 mm，深度分别为 16 m 和 30 m，主要用于监测分层抽水时上下层水位的变化特征。

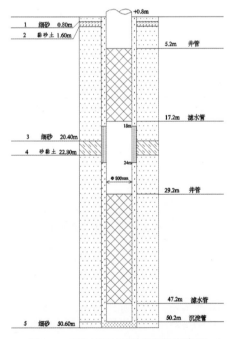

图 3-6 ZK03 大口径井结构分布图

3.2.2 混合稳定流抽水试验

ZK03 井组混合稳定流抽水试验用于查明黄河的补排关系，实地验证大口径井的出水能力，并推测最大允许开采量。抽水过程采用三个落程稳定流抽水试验，大落程使用两台 100 m³/h 和 80 m³/h 潜水泵同时抽水，平均流量为 217.3 m³/h，抽水时长 32 小时；中落程使用一台 100 m³/h 潜水泵抽水，平均流量 120.6 m³/h，抽水时长 8 小时；小落程使用 80 m³/h 潜水泵抽水，通过控制电流实际出水量为 68.9 m³/h，抽水延续时长 8 小时；每一落程抽完进入水位恢复阶段（图 3–7、表 3–4）。

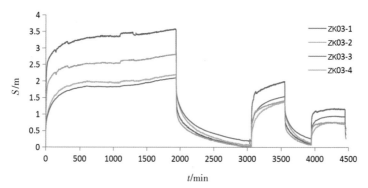

图 3–7　ZK03 井稳定流抽水观测孔降深 S（m）—时间 t（min）曲线

表 3–4　ZK03 井组混合稳定流抽水试验成果表

孔号	静水位埋深/m	与ZK03距离L/m	大落程 Q1=217.3m³/h 抽水时长32小时		中落程 Q2=120.6m³/h 抽水时长8小时		小落程 Q3=68.9m³/h 抽水时长8小时	
			动水位埋深/m	降深/m	动水位埋深/m	降深/m	动水位埋深/m	降深/m
ZK03	3.39	0	22.39	19.00	10.19	6.8	6.59	3.2
ZK03–1	3.00	8	6.59	3.59	4.99	1.99	4.17	1.17
ZK03–2	2.73	13	4.86	2.13	4.04	1.31	3.43	0.7
ZK03–3	2.75	15	4.66	1.91	4.1	1.35	3.5	0.75
ZK03–4	2.79	16	5.59	2.80	4.2	1.41	3.63	0.84

抽水试验中大落程平均出水量 217.3 m³/h，ZK03 抽水孔最大降深 19 m，1~4 号观测孔水位降深依次为 3.59 m、2.13 m、1.91 m 和 2.8 m。中落程出水量为 120.6 m³/h，ZK03 降深 6.8 m，观测孔降深分别为 1.99 m、1.31 m、1.35 m 和 1.41 m；小落程出水量 68.9 m³/h，主孔降深 3.2 m，观测孔降深分别为 1.17 m、0.7 m、0.75 m 和 0.84 m。

通过观测孔抽水降深随时间变化的曲线发现，大落程和中落程水位呈现持续下降的状态，小落程水位基本稳定，反映补给资源量不足。通过距离 L（m）—降深 S（m）曲线发现，含水层水位降深随着抽水井距离的增加而减小。例如 ZK03-1 井和 ZK03-2 井属混合水位观测孔，距离抽水井分别为 8 m 和 13 m，大、中、小落程的水位降深分别为（3.59 m，2.13 m）、（1.99 m，1.31 m）和（1.17 m，0.7 m），ZK03-1 距离抽水井越近降深越大（图 3-8）。

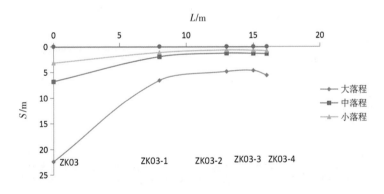

图 3-8　ZK03 井稳定流抽水观测孔距离 L（m）—降深 S（m）曲线

3.2.3　非稳定流抽水试验

ZK03 井组非稳定流抽水试验采用定流量一次降深抽水试验方法，抽水试段为下层 22.8~50.6 m，孔内分层止水。抽水延续时间为 7 天，总计 168 小时，抽水结束转入恢复水位观测阶段。本次试验于 2017 年 10 月 3 日开始至 10 月 9 日抽水结束，水位恢复观测持续到 10 月 12 日。抽水泵采用流量 100 m³/h，扬程 50 m的潜水泵，平均出水量 117 m³/h。

非稳定流抽水降深随时间变化的曲线（图 3-9）显示，ZK03 抽水孔及观测孔水位同步下降，变化趋势相同，反映含水层均匀连通性好的特点。停泵前主孔 ZK03- 下降深 6.641 m，ZK03- 上降深 6.208 m，ZK03-1 ~ ZK03-4 观测孔水位降深依次为 2.071 m、1.341 m、1.448 m 和 1.371 m。主孔抽下层水时，上层水同步下降，但始终保持 1 m 以上的水位差，且距离抽水孔越远水位差越小（表 3-5）。

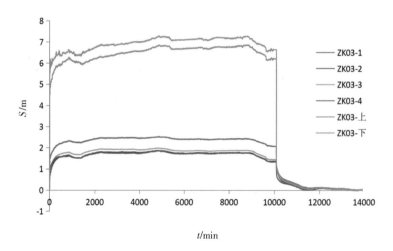

图 3-9　ZK03 井非稳定流抽水试验降深 S（m）—时间 t（min）曲线

表 3-5　ZK03 井组非稳定流抽水试验成果表

孔　号	抽水量 /(m³·h⁻¹)	静水位 埋深/m	停泵前 动水位/m	停泵前 降深/m	与抽水井的 距离/m
ZK03-上		1.663	7.871	6.208	0
ZK03-下	117	2.59	9.231	6.641	0
ZK03-1		2.88	4.951	2.071	8
ZK03-2		2.51	3.851	1.341	13
ZK03-3		2.429	3.877	1.448	15
ZK03-4		2.48	3.851	1.371	16

3.3　主要参数计算和选取

3.3.1　水文地质条件概化

ZK03 孔非稳定流抽水试验降深 6.641 m，垂向分速度不可忽略，在井附近为三维流。为准确合理评价地下水资源，对含水层做如下假设，建立水文地质数学模型，有关水文地质条件概化如下：

（1）含水层均质各向同性，侧向无限延伸，坐标轴和主渗透方向一致，隔水层水平；

（2）初始潜水面水平；

（3）水流服从 Darcy 定律；

（4）完整井，定流量抽水；

（5）抽水期间没有入渗补给或蒸发排泄。

3.3.2　水文地质数学模型建立

结合工作区的水文地质条件，通过上述概化后可建立下列数学模型（满足纽曼法公式假定条件）：

$$T = \frac{Q}{4\pi S} Sd$$

$$S_A = \frac{Tt}{r^2 (t_s)}$$

$$S_y (U_e) = \frac{Tt}{r^2 (t_y)}$$

式中：

T——含水层导水系数（m²/d）；

Q——抽水井出水量（m³/d）；

S_A——早期的贮水系数（无量纲）；

$S_y (u_e)$——后期的贮水系数（含水层重力给水度，无量纲）；

r——观测孔距抽水井的距离（m）；

$W (u_A, u_y, r/D)$——纵坐标井函数（无量纲）；

t——计算点抽水时间（d）；

$\dfrac{1}{u_A}, \dfrac{1}{u_y}$——配线拟合点横坐标前后期井函数（无量纲）；

$\overline{h_0}$——含水层有效厚度（m）；

K——渗透系数（m/d）；

a——导压系数（m²/d）；

Kr——径向渗透系数（m/d）；

S_d——配线法拟合点标准曲线纵坐标井函数（无量纲）；

T_s，t_y——配线法拟合点标准曲线前、后期横坐标井函数（无量纲）。

3.3.3 水文地质参数计算

1. 配线法

采用以 ZK03 号孔为抽水主孔和 ZK03-1、ZK03-2、ZK03-3、ZK03-4 观测孔组成的非稳定流抽水试验孔组。根据观测孔实测资料绘制 lgs-lgt 曲线，与标准双对数曲线进行拟合，选出拟合点，求出相应数据，并采用 Neuman 公式计算水文地质参数。本次计算采用

Aquifer Test 软件自动拟合求取水文地质参数，计算结果见图 3-10。

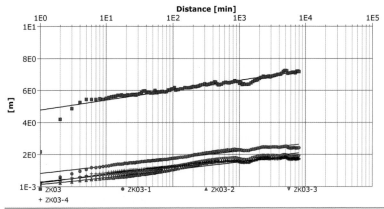

Calculation using Neuman						
Observation Well	Transmissivity	Hydraulic Conductivity	Specific Yield	Ratio K(v)/K(h)	Ratio Sy/S	Radial Distance to PW
	[m²/d]	[m/d]				[m]
ZK03	6.08×10^2	1.22×10^1	9.20×10^{-4}	7.33×10^{-2}	5.68×10^4	1.0
ZK03-1	8.09×10^2	1.62×10^1	1.87×10^{-2}	4.57×10^{-5}	6.18×10^1	8.28
ZK03-2	7.68×10^2	1.54×10^1	2.61×10^{-1}	3.07×10^{-3}	4.84×10^1	12.59
ZK03-3	7.97×10^2	1.59×10^1	1.55×10^{-1}	1.08×10^{-3}	1.06×10^2	15.36
ZK03-4	5.71×10^2	1.14×10^1	9.00×10^{-2}	9.23×10^{-3}	5.14×10^1	16.46
Average	7.11×10^2	1.42×10^1	1.05×10^{-1}	1.73×10^{-2}	1.14×10^4	

图 3-10　ZK03 井组抽水数据 Neuman 法计算结果

2. 直线图解法

直线图解法采用 Cooper-Jacob 计算公式，利用降深—距离关系求取水文地质参数，计算公式如下：

$$S_1 = \frac{2.3Q}{4\pi T} \log \frac{2.25Tt}{r_1^2 S}$$

$$S_2 = \frac{2.3Q}{4\pi T} \log \frac{2.25Tt}{r_2^2 S}$$

$$S_1 - S_2 = \frac{2.3Q}{2\pi T} \log \frac{r_2}{r_1}$$

$$S = \frac{2.25Tt}{r_0^2}$$

式中：

S_1，S_2——抽水井降深；

S——储水系数；

r_1，r_2——观测孔到抽水孔距离；

r_0——距离—降深直线与距离坐标轴的截距。

参数计算利用软件自动拟合求参，结果见图 3-11。

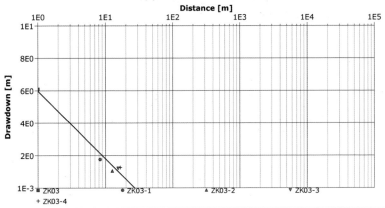

图 3-11　ZK03 井组抽水数据直线图解法计算结果

3. 水位恢复法

以 ZK03 孔为抽水试验主孔，根据 4 眼观测孔的水位恢复观测资料，在单对数纸上，以 $\log\left(1+\frac{tp}{tr}\right)$ 为横坐标，剩余降深 S 为纵坐标，

绘制观测孔 S-log $\left(1+\dfrac{tp}{t}\right)$ 曲线（图 3-12）。在降深 - 时间资料的曲线上连接直线段求出斜率，采用下式进行参数计算：

$$m_i=\frac{\triangle S}{\triangle lgt}=\triangle S$$

$$T=\frac{2.3Q}{4\pi m_i}$$

$$K=\frac{T}{\dfrac{H+h}{2}}$$

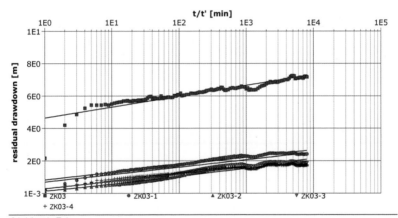

Calculation using Theis				
Observation Well	Transmissivity	Hydraulic Conductivity	Storage coefficient	Radial Distance to PW
	[m²/d]	[m/d]		[m]
ZK03	5.60×10^2	1.12×10^1	1.00×10^{-7}	1.0
ZK03-1	8.09×10^2	1.62×10^1	3.03×10^{-4}	8.28
ZK03-2	7.68×10^2	1.54×10^1	5.40×10^{-3}	12.59
ZK03-3	7.97×10^2	1.59×10^1	1.46×10^{-3}	15.36
ZK03-4	8.20×10^2	1.64×10^1	1.43×10^{-4}	16.46
Average	7.51×10^2	1.50×10^1	1.46×10^{-3}	

图 3-12　ZK03 井组抽水数据恢复水位 S-Log（1+tp/tr）曲线

3.3.4　水文地质参数选取

通过对比分析，直线图解法计算出导水系数 T 和渗透系数 K 分别为 247 m²/d 和 4.93 m/d，与配线法和水位恢复法所求值差异较大，故舍去。经过综合分析，采用配线法和水位恢复法计算，导水系数为 731 m²/d，渗透系数为 14.6 m/d，给水度取 0.053（表 3-6）。

表 3-6　ZK03 井组非稳定流抽水试验参数表

水孔	项目参数			
	计算方法	T /(m²·d⁻¹)	K/(m·d⁻¹)	μ
ZK003	配线法	711	14.2	0.105
	直线图解法	247	4.93	0.0534
	水位恢复法	751	15.0	0.00146
	平均	569.67	11.38	0.053
参数选取数值		731	14.6	0.053

第4章 地下水资源评价

4.1 水均衡法评价地下水资源量

根据水均衡原理，结合研究区浅层地下水的补给、径流、排泄条件，建立均衡方程如下：

$$Q_{补} - Q_{排} = \frac{\mu \cdot \triangle h \cdot F}{\triangle t}$$

$$Q_{补} = Q_{灌渗} + Q_{降水} + Q_{侧入}$$

$$Q_{排} = Q_{蒸发} + Q_{沟排} + Q_{侧排}$$

式中：

$Q_{补}$——地下水总补给量（m^3/d）；

$Q_{排}$——地下水总排泄量（m^3/d）；

μ——水位变动带给水度；

F——均衡区面积（m^2）；

Δt——均衡时间段长（a）；

Δh——与 Δt 对应的水位变幅（m）；

$Q_{灌渗}$——灌溉回渗补给量（m^3/d）；

$Q_{降水}$——大气降水入渗补给量（m^3/d）；

$Q_{侧入}$——侧向径流补给量（m^3/d）；

$Q_{蒸发}$——地下水蒸发量（m³/d）；

$Q_{沟排}$——排水沟排泄地下水量（m³/d）；

$Q_{侧排}$——地下水侧向径流排泄量（m³/d）。

4.1.1 地下水补给资源量计算

1. 田间灌溉入渗补给量

田间灌溉入渗补给量是灌溉水进入田间，经包气带渗漏补给地下水的水量，包括毛渠和斗渠的入渗水量。计算公式如下：

$$Q_{田渗} = \alpha \cdot Q_{田间}$$

式中：

$Q_{田渗}$——田间灌溉回渗补给量（m³/d）；

α——灌溉入渗补给系数；

$Q_{田间}$——田间灌溉水量（m³/d），采用灌溉面积与灌溉定额的乘积。

灌溉面积：经过调查，研究区田间作物主要为水稻、玉米、小麦。除了田间的小路、荒地之外都为农田，根据高分影像数据结合实地验证方式划定农作物种植面积（图4-1）。水稻灌溉定额1100 m³/（亩·年），玉米灌溉定额为220 m³/（亩·年），小麦灌溉定额310 m³/（亩·年）。

田间灌溉水入渗系数引自宁夏水文总站《浅层地下水资源》报告中实测试验资料，一般作物灌溉入渗系数取0.19，水作物系数取0.164。定额取值及计算结果见表4-1。

表4-1　田间灌溉入渗计算表

农田种类	灌溉面积/km²	灌水定额/(m³·亩⁻¹·a⁻¹)	入渗系数	入渗量/(万 m³·d⁻¹)
水稻	26.50	1100	0.164	1.96
玉米	9.19	220	0.19	0.16
小麦	5.52	310	0.19	0.13
合计	41.21			2.26

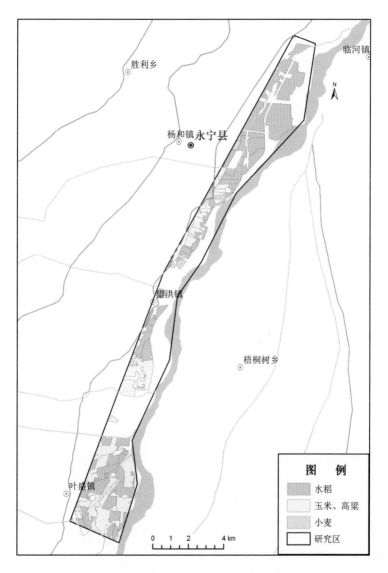

图 4-1　研究区农灌作物分布图

2. 大气降水入渗补给量

$$Q_{降水} = 10^{-1} \cdot F \cdot A \cdot \alpha \cdot \gamma$$

式中：

$Q_{降水}$——大气降水入渗补给量（万 m³/a）；

F——计算区面积（km²）；

A——年降水量（mm）；

α——降水入渗系数；

r——有效降水量百分数。

降水入渗区面积采用研究区的面积，年降水量取永宁县气象局1991~2013 年年降水量的平均值。降水入渗系数及有效降水量百分数均取自《宁夏地下水资源评价报告》。取值及计算结果见表 4-2。

表 4-2　第 Ⅰ 含水岩组大气降水入渗补给量

补给区面积/km²	降水量/mm	入渗系数 α	有效降水量 r/%	降水补给量/(万 m³·d⁻¹)
58.692	181.99	0.23	55	0.370

3. 侧向径流补给量

根据本次统测结果绘制潜水等水位线，均衡区内潜水的流向是由西部和南部流向东部再流向黄河（图 4-2），因此均衡区西南部为补给边界，渗透系数取本次水文地质钻孔稳定流抽水的参数，含水层厚度取补给断面附近勘探孔含水层厚度的值，水力梯度根据本次统测计算得出。计算结果见表 4-3，计算公式如下：

$$Q_{侧} = K \cdot H \cdot L \cdot I$$

式中：

H——含水层厚度（m）；

L——计算断面长度（m）；

其他符号意义同前。

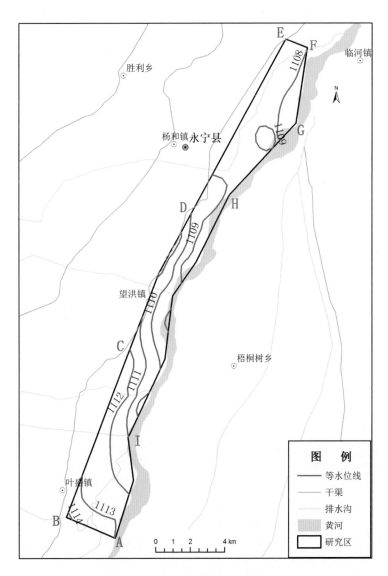

图 4-2　等水位线图及计算断面

表 4-3　侧向补给量计算结果

计算断面	渗透系数 /(m·d⁻¹)	含水层厚度 /m	断面长度 /m	水力梯度	补给量 /(万 m³·d⁻¹)
A–B	12.637	45.66	3141	0.00047	0.0854
B–C	4.93	45.66	8713	0.00058	0.1129
C–D	6.79	42.15	8280	0.00127	0.3019
D–E	5.15	42.25	10989	0.00033	0.0777
合计					0.578

4.1.2　地下水排泄资源量计算

1.蒸发排泄

蒸发是潜水垂向排泄地下水的主要途径，潜水蒸发量按下式计算：

$$Q_{蒸发} = 10^{-1} F \cdot \varepsilon$$

式中：

$Q_{蒸发}$——潜水蒸发量（万 m³/a）；

F——潜水蒸发面积（km²）；

ε——潜水年蒸发度（mm）。

$$\varepsilon = \varepsilon_0 \left(1 - \frac{\Delta}{\Delta_0}\right)^n$$

式中：

ε_0——水面蒸发量（mm/a）；

Δ——计算区潜水平均埋藏深度（m）；

Δ_0——潜水不被蒸发的极限深度（m）；

n——与土质有关的系数。

研究区范围内地势平坦，地下水径流速度缓慢，均衡区北部和东部靠近黄河水位埋深较浅，南部和西部水位埋深较深，丰水期水位埋深在 0~8 m 之间。按照极限蒸发深度为 3 m，与土质有关的系数为 2，研究区内的潜水的蒸发面积为 28.459 km²，水面蒸发量取自永宁县气象站 1991~2013 年的观测资料（多年平均蒸发量为 1719.96 mm），水面蒸发量按系数 0.6 换算成大面积水面蒸发量后使用。计算结果见表 4–4。

表 4–4　蒸发量计算结果

埋深区间 /m	面积 /km²	水面蒸发量 /mm	水位平均埋深/m	年蒸发度 /mm	蒸发量 万 m³·a⁻¹	蒸发量 万 m³·d⁻¹
<1	0.615		0.14	937.909	57.653	0.158
1~2	11.527	1031.98	1.45	275.481	317.560	0.870
2<~3	16.316		2.39	42.667	69.616	0.191
合计	28.459				444.830	1.219

2. 排水沟排泄

研究区的主要排水沟有中干沟、第一排水沟、胜利沟。这些排水沟经过研究区的北部、中部和南部，主要排泄灌溉回归水、渠道退水、降水形成的地表水流、工业污水、生活污水及部分地下水。排水沟排泄地下水量采用下列公式计算：

$$Q_p = \sigma \cdot Q$$

式中：

Q_p——排水沟排泄地下水量（10^4 m³/d）；

σ——排水沟排泄地下水系数；

Q——排水沟总排水量（10^4 m³/d）。

根据本次野外调查测流得出：中干沟在均衡区流量为 585.85 L/s；第一排水沟在均衡区流量为 47.77 L/s；胜利沟在均衡区流量为 333.33 L/s；即研究区三个主要排水沟排水量为 8.354 万 m³/d。σ 取值参考《银川平原地下水资源合理配置调查评价》中排水沟排泄地下水系数 0.158，得出研究区排水沟排泄地下水量为 1.32 万 m³/d。

3. 侧向径流排泄量

潜水均自研究区向东部流向黄河，采用达西断面法计算侧向径流排泄量，计算公式同侧向径流补给量计算公式，计算断面见图 4-2，计算结果见表 4-5。

表 4-5　侧向径流排泄量计算结果

计算断面	渗透系数 /(m·d⁻¹)	含水层厚度 /m	断面长度 /m	水力梯度	补给量 /(万 m³·d⁻¹)
F~G	12.49	42.65	5242	0.00030	0.0843
G~H	5.15	35.06	3941	0.00031	0.0217
H~I	5.25	46.74	15165	0.00094	0.3511
I~A	12.637	48.25	5387	0.00060	0.1956
合计					0.653

4.1.3　天然状态下地下水均衡

通过上述地下水补给量与排泄量的计算，研究区潜水（50 m以内）水均衡结果见表 4-6。

表 4-6　研究区潜水（50m 以内）水均衡量计算表

补给项	补给量/(万 m³·d⁻¹)	排泄项	排泄量(万 m³·d⁻¹)
田间渗入量	2.26	排水沟排泄量	1.32
降水渗入量	0.37	侧向排泄	0.653
侧向补给量	0.578	蒸发量	1.219
合　计	3.208	合　计	3.192
均衡结果		0.016	

通过以上计算结果可以看出，研究区地下水的补给来源主要为田间灌溉入渗补给，约占总补给量的 70.44 %，其次为侧向径流补给和降水入渗补给；排泄方式主要为排水沟排泄和蒸发排泄，分别占总排泄量的 41.35 % 和 38.19 %，还有少量地下水向黄河排泄。

4.2 数值模拟法评价地下水资源量

4.2.1 水文地质概念模型

1. 模拟区范围

模拟区位于银川平原中南部的冲湖积平原，青铜峡市叶盛黄河大桥以北，惠农渠以东，永宁县东升村以南，黄河以西的区域。行政区划隶属于银川市永宁县及吴忠市青铜峡市部分地区，如图 4-3 所示。模拟区长度约为 1.8 km，宽度约为 30 km，面积为 58.69 km²。

2. 含水层结构概化

根据本次勘探资料及前人勘探成果，0～50 m 地层分布总体呈现南部以砂砾石层夹粗砂为主，黏性土层只在浅层地表分布；北部以细砂为主；黏性土层数及含量由南向北逐渐增多；地面较为平缓，地面标高等值线如图 4-4 所示，故将模拟区整体概化为单一潜水含水层，局部黏土层通过水文地质参数来反应。

3. 边界条件的概化

侧向边界：根据研究区内流场特征和对地层结构的分析，将研究区侧向边界类型确定为不同性质的边界，如图 4-5 所示。研究区侧向边界有三种类型，分别为第二类流量边界、第三类混合边界和河流边界。位于研究区西侧边界的为惠农渠，为简化计算将其概化为流量边界；研究区东侧边界为黄河，由于黄河与地下水水力联系较为复杂，因此不能简单地处理为流量边界或定水头边界，而是概化为河流边界；根据地下水统测水位流场，研究区南侧和北侧与外界水量交换较少，因此将其概化为第三类混合边界。

垂向边界：研究区为潜水含水层，主要与周围环境发生垂向水量交换，如接受田间入渗补给、大气降水入渗补给、蒸发排泄、排水沟

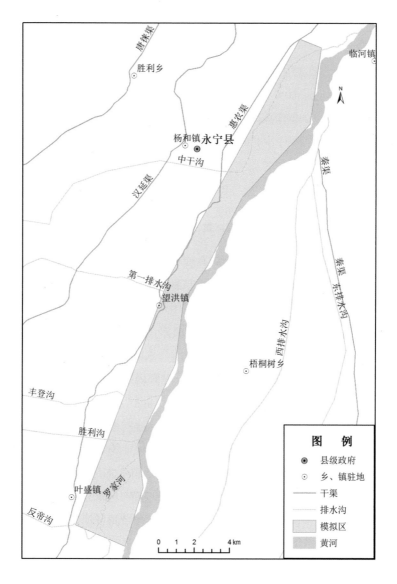

图 4-3　模拟区位置图

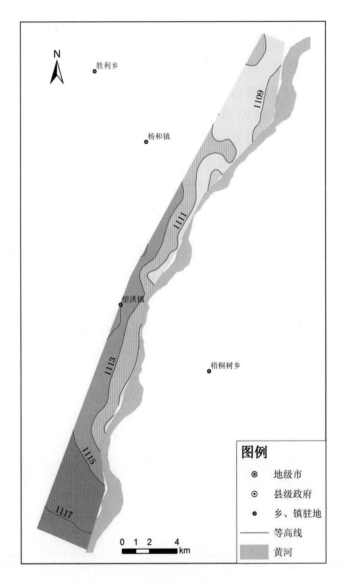

图 4-4　地面标高等值线图

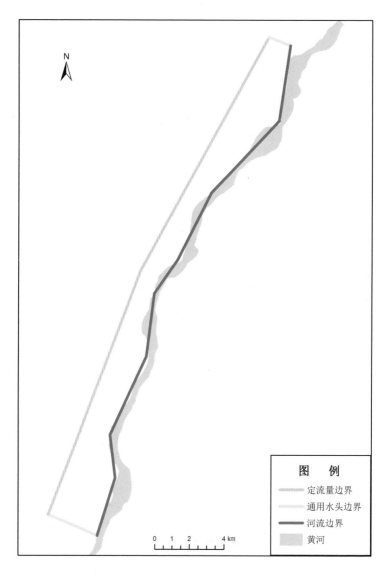

图 4-5　研究区边界概化图

排泄等。

4. 水文地质参数

水文参数和水文地质参数为计算评价地下水的重要数据，也是影响评价结果的主要因素。用于地下水流模型的水文地质参数主要有两类，一类是用于计算各种地下水补排量的参数和经验系数，如大气降水入渗系数、灌溉入渗系数、河流渗漏系数、蒸发系数等，其中各干渠引水量与灌溉面积来源于各渠道管理所；各干沟排泄量来源于宁夏水文总站；有效降水系数、降水入渗系数、径流模数、径流与洪水入渗系数等参数均参考"平原综勘"；田间灌溉入渗系数来源于宁夏水文总站《浅层地下水资源》。另一类是含水层的水文地质参数，主要包括潜水含水层的渗透系数、给水度；承压水含水层的渗透系数及释水系数等主要依据本次抽水试验成果，并参照经验值确定。在建模工作中，首先根据水文地质条件和前人工作经验，按参数分区给定参数初值，通过水位拟合进行参数识别，最后确定各参数分区值。

5. 源汇项处理

模拟区地下水的主要补给来源为灌溉水回渗、大气降水入渗补给，以及地下水侧向径流补给，主要排泄途径为排水沟排泄、蒸发排泄、少量地下水侧向径流流出等。

大气降水及灌溉入渗属面状入渗补给，在 GMS 中用 Recharge 模块处理，入渗量由计算得到（对于非稳定流模型，根据灌溉月份对不同时期的入渗量进行分配，经过数据整理后分别按区在相应网格上赋值）。其中灌溉入渗量在模型中分布到遥感获得的耕地上，并根据实际情况，在黄灌区设置排水沟（Drain 模块），在灌期排泄多余水量。排水沟程序包假定当含水层的水头高于排水沟的底板时，会自动向排水沟排泄，排泄量由模型计算得到；如果含水层的水头降至排水沟的底板以下，排水沟就不起作用，即地下水不再向排水沟排泄。

由于不同时期水位埋深不同，模拟区内水位埋深普遍较浅，在模型中采用蒸发包（ET模块）按阿维扬诺夫公式计算，取地下水蒸发极限埋深5 m，蒸发量由模型根据水位埋深自动计算。

模型的通用水头边界及东部的河流边界所产生补排量由模型计算得到。

4.2.2　数学模型

数值模型计算将研究区概化为非均质各向异性、空间三维结构、非稳定地下水流系统，地下水流连续性方程及其定解条件如下：

$$
\begin{cases}
\mu\dfrac{\partial h}{\partial t}=K_x\left(\dfrac{\partial h}{\partial x}\right)^2+K_y\left(\dfrac{\partial h}{\partial y}\right)^2+K_z\left(\dfrac{\partial h}{\partial z}\right)^2+p & x,\ y,\ z\ \epsilon\ \varGamma_0,\ t\geqslant0 \\[2mm]
H\ (x,\ y,\ z,\ t)\ \big|_{t=0}=H_0 & x,\ y,\ z\ \epsilon\varOmega \\[2mm]
K_{\bar{n}}\dfrac{\partial h}{\partial\bar{n}}\ \big|_{r2}=q & x,\ y,\ z\ \epsilon\varGamma_2,\ t\geqslant0 \\[2mm]
H\ (x,\ y,\ z,\ t)\ \big|_{r3}=H_1\ (x,\ y,\ z,\ t) & x,\ y,\ z\ \epsilon\varGamma_3,\ t\geqslant0 \\[2mm]
\dfrac{K_R}{M}\ (Hz-H)=q\ (x,\ y,\ z,\ t) & x,\ y,\ z\ \epsilon\varGamma_3,\ t\geqslant0
\end{cases}
$$

式中：

$\varOmega$——渗流区域；

h——地下水系统的水位标高（m）；

K——含水介质的水平渗透系数（m/d）；

K_n——边界面法线方向的渗透系数（m/d）；

n——边界面的法线方向；

K_R——河床渗透系数；

H_0——系统的初始水位分布（m）；

μ——潜水含水层在潜水面上的重力给水度；

M——河床厚度；

H_z——黄河水位标高；

p——潜水面的蒸发和降水入渗强度等（m/d）；

Γ_0——渗流区域的上边界，即地下水的自由表面；

Γ_2——渗流区域的流量边界；

Γ_3——黄河混合边界；

q——Γ_2边界的单位面积上的流量（m/d），流入为正，流出为负，隔水边界为0。

4.2.3 水文地质参数分区

1.大气降水入渗及蒸发系数分区

根据钻孔及剖面资料，在研究区地表有一层厚约8 m的黏砂土层，因此研究区整体的降水入渗参数及蒸发系数差别不大，因此不进行分区。

2.水平渗透系数分区

根据钻孔及剖面资料，研究区东北部（Ⅰ区）则以黏砂土、黏土及细砂为主，渗透性较差；西南部（Ⅱ区）在埋深8 m以下以细砂及卵砾石等为主，渗透性良好，因此将研究区的水平渗透系数分为两个区，如图4-6所示。

4.2.4 模型空间离散

根据GMS软件的有限差分原理对模拟区进行矩形剖分，在平面上将研究区剖分为180行、300列，共54000个网格单元，其中有效单元格为24350个，计算区面积58.69 km²，平均每个网格单元的面积约为2410 m²。在垂向上划分为5层，模拟厚度50 m，见图4-7。

4.2.5 模型识别与检验

将统测水位资料与计算的等水位线进行对比，如图4-8所示，结

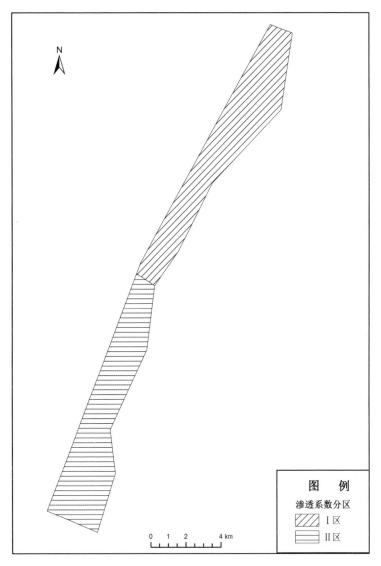

图 4-6　水平渗透系数分区图

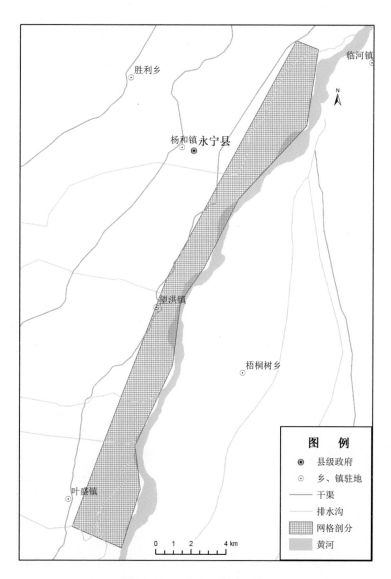

图4-7 研究区网格剖分图

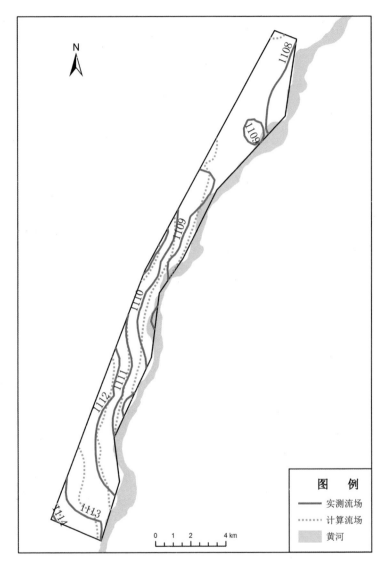

图 4-8　实测流场与计算流场对比图

果显示实测等水位线与模拟等水位线较为吻合。

在模拟区内设立了 37 个观测孔，其中误差在 1 m范围内的有 35 个观测孔，达到了 94.6 %，2 个观测孔误差在 1 ~1.5 m。在观测孔拟合方面较好，如图 4-9 所示。

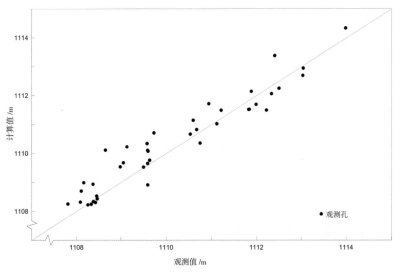

图 4-9　地下水观测孔拟合图

综上所述，模型计算水位与实测水位吻合，因此模型较为真实的模拟了研究区内地下水状态。

4.2.6　地下水均衡分析

通过对地下水各均衡要素分析，得出模拟区现状条件下地下水系统水量均衡结果。

从表 4-7 中可知：研究区内地下水系统总补给量为 32840.08 m³，总排泄量为 32489.01 m³，基本处于均衡状态。其中田间灌溉入渗补给量占总补给量的 68.39 %，降水入渗量与西侧边界的侧向径流补给量分别占总补给量的 11.12 % 和 20.49 %；蒸发排泄量和排水沟排泄量较多，分别占总排泄量的 40.36 % 和 40.32 %，黄河排泄量占总排泄量的 19.31 %。由此看出，田间渗漏补给量在总补给量中占大部分，而在总排泄量中，蒸发和排水沟排泄成为主要排泄渠道。

表 4-7　模拟天然状态地下水均衡结果表

	项别	补给与排泄量/(m³·d⁻¹)	百分比
	降水入渗补给	3610.36	11.12%
补给项	田间灌溉入渗补给	22213.24	68.39%
	渠系渗漏补给	6656.48	20.49%
小计		32480.08	100.00%
	排水沟排泄	13100.52	40.32%
排泄项	黄河侧向排泄	6275.19	19.31%
	蒸发排泄	13113.3	40.36%
小计		32489.01	100.00%
均衡差		—	

由上可知，通过解析法计算研究区天然补给资源量为 3.208 万 m³/d，排泄量为 3.192 万 m³/d，均衡差为 0.016 万 m³/d，处于微弱的正均衡状态。其中田间灌溉入渗补给量约占总补给量的 70.44 %，排水沟排泄和蒸发排泄分别占总排泄量的 41.35 % 和 38.19 %。数值法计算出研究区天然补给资源量为 3.248 万 m³/d，排泄量为 3.2489 万 m³/d，基本处于平衡状态。田间灌溉入渗补给量占总补给量的 68.39 %，蒸发和排水沟排泄分别占 40.36 % 和 40.32 %。通过对比发现，采用解析法和数值模拟法计算的研究区天然资源量相差不大，且各主要补排资源量所占比例相当。因此通过本次工作计算得研究区天然资源量约为 3.2 万 m³/d。

4.3 生活饮用水水质评价

生活饮用水水质分析样品分别取自 ZK03 与 ZK06 号钻孔地下水，水质评价标准依据《生活饮用水卫生标准》（GB5749—2006）规定的微生物指标、毒理指标、感官性状和一般化学指标的限值，对 ZK03 与 ZK06 号钻孔做单因子质量评价。评价结果见表 4-8、表 4-9。

（1）微生物指标：常规指标和非常规指标均符合《生活饮用水卫生标准》（GB5749—2006）要求。

（2）毒理指标：ZK06 号孔氟化物指标超标。

（3）感官性状和一般化学指标：常规指标中 ZK03 号孔水样有砂粒，ZK06 号孔水样中铁离子超标。色度、浑浊度、锰离子、溶解性总固体、总硬度、氯化物和硫酸盐在两孔中均有超标情况，其中 ZK03 超标尤为严重，锰离子、溶解性总固体、氯化物和硫酸盐均超标 8 倍以上，总硬度也超标 5 倍以上；ZK06 中锰离子、总硬度、溶解性总固体、氯化物和硫酸盐超标约 1.5 倍，铁离子超标 6.22 倍。非常规指标中 ZK03 与 ZK06 号孔水样中铵离子与钠离子均超标。其中 ZK03 中铵离子超标 6.7 倍，ZK06 中铵离子超标 2.48 倍，ZK03 中钠离子超标 11.36 倍，ZK06 中钠离子超标 1.924 倍。

（4）放射性指标：ZK03 中总 β 放射性超标。

综上对 ZK03 与 ZK06 号钻孔水质数据进行分析，ZK03 中溶解性总固体高达 9740 mg/L，钠离子、氯化物和硫酸盐均在 2000 mg/L 以上，已经属于咸水，不适宜作为饮用水源；ZK06 号钻孔中溶解性总固体为 1876 mg/L，高于生活饮用水卫生标准（1000 mg/L），且铁离子浓度为 1.865 mg/L，需加以处理方可作为饮用水源。综合该地区地下水水样全分析结果，该地区浅层地下水水质较差，不适宜作为生活饮用水水源。

表 4-8   "106 项指标样"水质常规指标及限值（GB5749—2006）

指　标	限　值	ZK03 检验结果	ZK06 检验结果	评价结果
1. 微生物指标①				
总大肠菌群（MPN/100mL）	不得检出	未检出	未检出	未超标
耐热大肠菌群（MPN/100mL）	不得检出			
大肠埃希氏菌（MPN/100mL）	不得检出	未检出	未检出	未超标
菌落总数（CFU/mL）	100	1	3	未超标
2. 毒理指标				
砷（mg/L）	0.01	<0.00031	<0.00031	未超标
镉（mg/L）	0.005	<0.002	<0.002	未超标
铬（六价，mg/L）	0.05	<0.004	<0.004	未超标
铅（mg/L）	0.01	<0.0003	<0.0003	未超标
汞（mg/L）	0.001	<0.00001	<0.00001	未超标
硒（mg/L）	0.01	<0.00011	<0.00011	未超标
氰化物（mg/L）	0.05	<0.00028	<0.00061	未超标
氟化物（mg/L）	1.0	0.86	1.09	ZK06 超标
硝酸盐（以 N 计，mg/L）	10 地下水源限制时为20	<0.16	<0.16	未超标
三氯甲烷（mg/L）	0.06	<0.0003	<0.0003	未超标
四氯化碳（mg/L）	0.002	<0.00002	<0.00002	未超标
溴酸盐	0.01			未超标
甲醛	0.9			未超标
亚氯酸盐	0.7			未超标
氯酸盐	0.7			未超标
3. 感官性状和一般化学指标				
色度（铂钴色度单位）	15	35	45	均超标
浑浊度（NTU–散射浊度单位）	1 水源与净水技术条 件限制时为 3	88.2	22.8	均超标
臭和味	无异臭、异味	无	无	未超标
肉眼可见物	无	有砂粒	无	ZK03 超标

续表

指标	限值	ZK03 检验结果	ZK06 检验结果	评价结果
pH（pH 单位）	不小于 6.5 且不大于 8.5	8.17	8.11	未超标
铝（mg/L）	0.2	0.002	<0.001	未超标
铁（mg/L）	0.3	0.176	1.865	ZK06 超标
锰（mg/L）	0.1	0.86	0.138	均超标
铜（mg/L）	1.0	0.005	<0.0033	未超标
锌（mg/L）	1.0	<0.0056	<0.0056	未超标
氯化物（mg/L）	250	2996.7	389.8	均超标
硫酸盐（mg/L）	250	2211.4	571.8	均超标
溶解性总固体（mg/L）	1000	9740	1876	均超标
总硬度（以 $CaCO_3$ 计，mg/L）	450	2350	688	均超标
耗氧量（CODMn 法，以 O_2 计，mg/L）	3 水源限制，原水耗氧量>6 mg/L 时为 5	2.11	2.32	未超标
挥发酚类（以苯酚计，mg/L）	0.002	0.0011	<0.00068	未超标
阴离子合成洗涤剂（mg/L）	0.3	0.0093	0.012	未超标
4. 放射性指标[2]（指导值）				
总 α 放射性（Bq/L）	0.5	0.316	<0.016	未超标
总 β 放射性（Bq/L）	1	1.159	0.553	ZK03 超标

注：①MPN 表示最可能数；CFU 表示菌落形成单位。当水样检出总大肠菌群时，应进一步检验大肠埃希氏菌或耐热大肠菌群；水样未检出总大肠菌群，不必检验大肠埃希氏菌或耐热大肠菌群。

②放射性指标超过指导值，应进行核素分析和评价，判定能否饮用。

表 4-9　"106 项指标样"水质非常规指标及限值

指　标	限　值	ZK03 检验结果	ZK06 检验结果	评价结果
1. 微生物指标				
贾第鞭毛虫(个/10L)	<1		未检出	
隐孢子虫(个/10L)	<1		未检出	
2. 毒理指标				
锑(mg/L)	0.005	<0.00029	<0.00029	未超标
钡(mg/L)	0.7	0.178	0.0003	未超标
铍(mg/L)	0.002	<0.00008	<0.00008	未超标
硼(mg/L)	0.5	0.818	0.012	ZK03 超标
钼(mg/L)	0.07	<0.07	0.0004	未超标
镍(mg/L)	0.02	<0.016	<0.016	未超标
银(mg/L)	0.05	0.0002	<0.0001	未超标
铊(mg/L)	0.0001	<0.00008	<0.00008	未超标
氯化氰(以 CN-计,mg/L)	0.07	0.031	0.0066	未超标
一氯二溴甲烷(mg/L)	0.1	<0.0006	<0.0006	未超标
二氯一溴甲烷(mg/L)	0.06	<0.0007	<0.0007	未超标
二氯乙酸(mg/L)	0.05			未超标
1,2-二氯乙烷(mg/L)	0.03	<0.0005	<0.0005	未超标
二氯甲烷(mg/L)	0.02	<0.001	<0.001	未超标
三卤甲烷(三氯甲烷、一氯二溴甲烷、二氯一溴甲烷、三溴甲烷的总和)	该类化合物中各种化合物的实测浓度与其各自限值的比值之和不超过 1	0.01	0.01	未超标
1,1,1-三氯乙烷(mg/L)	2	<0.0008	<0.0008	未超标
三氯乙酸(mg/L)	0.1			未超标
三氯乙醛(mg/L)	0.01	<0.002	<0.002	未超标
2,4,6-三氯酚(mg/L)	0.2	<0.0006	<0.006	未超标
三溴甲烷(mg/L)	0.1	<0.0006	<0.0006	未超标
七氯(mg/L)	0.0004	<0.000004	<0.000004	未超标
马拉硫磷(mg/L)	0.25	<0.00004	<0.00004	未超标

续表

指 标	限 值	ZK03 检验结果	ZK06 检验结果	评价结果
五氯酚(mg/L)	0.009	<0.005	<0.005	未超标
六六六(总量,mg/L)	0.005	<0.00001	<0.000004	未超标
六氯苯(mg/L)	0.001	<0.000006	<0.000006	未超标
乐果(mg/L)	0.08	<0.00004	<0.00004	未超标
对硫磷(mg/L)	0.003	<0.00005	<0.00005	未超标
灭草松(mg/L)	0.3	<0.0003	<0.0003	未超标
甲基对硫磷(mg/L)	0.02	<0.00003	<0.00003	未超标
百菌清(mg/L)	0.01	<0.000002	<0.000002	未超标
呋喃丹(mg/L)	0.007	<0.006	<0.006	未超标
林丹(mg/L)	0.002	<0.000002	<0.000002	未超标
毒死蜱(mg/L)	0.03	<0.00002	<0.00002	未超标
草甘膦(mg/L)	0.7			未超标
敌敌畏(mg/L)	0.001	<0.00002	<0.00002	未超标
莠去津(mg/L)	0.002	<0.001	<0.001	未超标
溴氰菊酯(mg/L)	0.02	<0.000003	<0.000003	未超标
2,4-滴(mg/L)	0.03	<0.0003	<0.0003	未超标
滴滴涕(mg/L)	0.001	<0.00001	<0.00001	未超标
乙苯(mg/L)	0.3	<0.003	<0.003	未超标
二甲苯(mg/L)	0.5	<0.0012	<0.0012	未超标
1,1-二氯乙烯(mg/L)	0.03	<0.001	<0.001	未超标
1,2-二氯乙烯(mg/L)	0.05	<0.0008	<0.0008	未超标
1,2-二氯苯(mg/L)	1	<0.0006	<0.0006	未超标
1,4-二氯苯(mg/L)	0.3	<0.0006	<0.0006	未超标
三氯乙烯(mg/L)	0.07	<0.0006	<0.0006	未超标
三氯苯(总量,mg/L)	0.02	<0.0005	<0.0005	未超标
六氯丁二烯(mg/L)	0.0006	<0.0004	<0.0004	未超标
丙烯酰胺(mg/L)	0.0005	<0.00002	<0.00002	未超标
四氯乙烯(mg/L)	0.04	<0.0005	<0.0005	未超标
甲苯(mg/L)	0.7	<0.0016	<0.0016	未超标

指　标	限　值	ZK03 检验结果	ZK06 检验结果	评价结果
邻苯二甲酸二(2-乙基己基)酯(mg/L)	0.008	<0.001	<0.001	未超标
环氧氯丙烷(mg/L)	0.0004	<0.0004	<0.0004	未超标
苯(mg/L)	0.01	<0.0016	<0.0016	未超标
苯乙烯(mg/L)	0.02	<0.0012	<0.0012	未超标
苯并(a)芘(mg/L)	0.00001	<0.000005	<0.000005	未超标
氯乙烯(mg/L)	0.005	<0.0003	<0.0003	未超标
氯苯(mg/L)	0.3	<0.0006	<0.0006	未超标
微囊藻毒素-LR(mg/L)	0.001	<0.0005	0.0007	未超标
3. 感官性状和一般化学指标				
铵离子(以 N 计,mg/L)	0.5	3.35	1.24	均超标
硫化物(mg/L)	0.02	<0.02	<0.02	未超标
钠(mg/L)	200	2272.1	384.8	均超标

第5章 傍河取水可行性分析

傍河取水是指在河流冲积层中布置水源井，在抽水时不仅直接吸取含水层中的水，而且可以促使河水经过含水层进入开采井。在河水经含水层过滤流入机井并开采利用的过程中，水流运行复杂多变，存在地表水与地下水脱节、饱和带向非饱和带过渡等科学难题，至今没有公认的理论模型。为此本章从傍河取水井所处的环境条件出发，从含水层结构、水资源量保证程度及水质保证程度三个方面进行论证。

5.1 地层条件可行性分析

通过查阅国内辐射井相关资料，辐射井适用于：①埋藏浅、厚度薄、富水性强，有补给来源的砂砾含水层；②裂隙发育、厚度大（>20 m）的黄土含水层；③富水性弱的砂层或黏土裂隙含水层；④渗透系数大于 20 m/d 的地层。

目前宁夏地区共实施辐射井 19 眼。位于银川平原的 13 眼辐射井中除 1 眼运行良好外，其他各孔均因堵塞、出水量小、水质超标等原因无法正常使用。卫宁平原正在使用的 4 眼辐射井运行良好。经对比发现，卫宁平原辐射井所处地层岩性均以卵石为主，而银川平原辐射井所处地层岩性大部分以细砂、粉细砂为主。此外，银川市在黄河附近已实施的 2 眼辐射井均出现水质超标现象。本次选取的研究区位于银川平原中南部，银川市南侧已实施的 2 眼辐射井（相距约 5 km）。

利用本次采取岩芯，采用 GMS 软件中的 soil 模块，对研究区进行水文地质三维模型的建立，得到研究区含水层上部 50 m 深度以内地层结构如图 5-1。可以看出在研究区南部青铜峡市叶盛镇地三村以南地区（Y47 号钻孔以南），含水层为卵砾石层夹粗砂，渗透性相对较好，向北至永宁县望洪镇东河村（Y47 号钻孔至 DK06 号钻孔）一带，含水层上部以细砂为主，中间夹薄层砂黏土和黏土；西侧下部含薄层卵砾石层，东部靠近青铜峡一带为薄层砂砾石层。望洪镇东河村至北部永宁县杨和镇惠丰七队（DK06 号钻孔至 DK03 号钻孔），含水层分布均匀，岩性以细砂为主夹薄层黏砂土、黏土、砂黏土；研究区北部（DK03 号钻孔以北）整体仍以细砂为主。0～50 m 地层分布总体呈现南部以砂砾石层夹粗砂为主，黏性土层只在浅层地表分布；北部以细砂为主；黏性土层数及含量由南向北逐渐增多的特点。

为更精确地确定地层岩性情况，对本次实施的 10 个地质孔取样进行颗粒分析，结果发现，颗粒粒径大都在 0.075～0.25 mm 之间，南部含水层岩性上部以粉砂为主，下部夹薄层角砾，且由西向东距离黄河越近下部角砾层厚度有增加的趋势。北部含水层岩性以粉砂为主，上部夹薄层细砂（表 5-1、图 5-2）。另外通过抽水试验发现，研究区第 I 含水岩组渗透系数多在 5~10 m/d，远小于实施辐射井渗透系数（达到 20 m/d）的要求。与卫宁平原相比，研究区地层颗粒非常细，渗透性差，在辐射井抽水过程中细颗粒的黏性土极易在滤水管之间堆积，造成堵塞，水量减少，不利于辐射井实施。

表5-1　地质勘探孔颗粒分析结果统计

孔号	分析号	取样深度	颗粒组成百分比%										液限 WL/%	塑限 WP/%	土粒成分定名
			卵粒类土/mm					砂类土/mm			黏类土/mm				
			≥60	60~≥20	20~≥10	10~≥5	5~≥2	2~≥0.5	0.5~≥0.25	0.25~≥0.075	0.075~≥0.005	<0.005			
DK01	DK01-1	2	-	-	-	-	-	-	-	4.0	76.5	19.5	27.6	17.7	粉土
	DK01-2	4	-	-	-	-	-	-	-	1.0	69.3	29.7	28.8	17.9	粉质黏土
	DK01-3	6	-	-	-	-	-	-	-	4.3	79.1	16.6	27.2	17.6	粉土
	DK01-4	8	-	-	-	-	-	-	-	2.0	72.8	25.2	28.4	17.9	粉质黏土
	DK01-5	10	-	-	-	-	-	1.9	20.7	68.8	8.6	-	-	-	细砂
	DK01-6	12	-	-	-	-	-	-	-	70.7	24.6	4.7	-	-	粉砂
	DK01-7	14	-	-	-	-	-	-	-	63.0	34.1	2.9	-	-	粉砂
	DK01-8	18	-	-	-	-	-	-	-	7.7	77.4	14.9	27.3	17.8	粉土
	DK01-9	25	-	-	-	-	-	-	-	71.7	25.4	2.9	-	-	粉砂
	DK01-10	30	-	-	-	-	-	-	-	75.3	21.8	2.9	-	-	粉砂
	DK01-11	33.5	-	-	-	-	-	-	-	75.7	21.4	2.9	-	-	粉砂
	DK01-12	40	-	-	-	-	-	-	-	0.3	51.2	48.5	39.1	22.8	粉质黏土
	DK01-13	43.5	-	-	-	-	-	-	-	34.0	61.3	4.7	22.6	15.2	粉砂
	DK01-14	48	-	-	-	-	-	-	-	71.3	25.8	2.9	-	-	粉砂
	DK01-15	50	-	-	-	-	-	-	-	10.7	82.9	6.4	23.2	15.5	粉土
	DK02-1	0~0.2	-	-	-	-	-	-	-	3.7	76.8	19.5	27.6	17.7	粉土
	DK02-2	1.8~2.0	-	-	-	-	-	-	-	1.7	68.6	29.7	28.8	17.9	粉质黏土
	DK02-3	3.8~4.0	-	-	-	-	-	-	-	17.0	78.3	4.7	22.5	15.1	粉土

续表

| 孔号 | 分析号 | 取样深度 | 颗粒组成百分比% | | | | | | | | | | 液限 | 塑限 | 土粒成分定名 |
| | | | 卵粒类土/mm | | | | 砂类土/mm | | | | 黏类土/mm | | | | |
			≥60	60~≥20	20~≥10	10~≥5	5~≥2	2~≥0.5	0.5~≥0.25	0.25~≥0.075	0.075~≥0.005	<0.005	WL/%	WP/%	
DK02	DK02-4	5.8~6.0	–	–	–	–	–	–	–	70.3	26.8	2.9	–	–	粉砂
	DK02-5	7.8~8.0	–	–	–	–	–	–	–	75.0	22.1	2.9	–	–	粉砂
	DK02-6	9.8~10.0	–	–	–	–	–	–	–	66.0	31.1	2.9	–	–	粉砂
	DK02-7	11.8~12.0	–	–	–	–	–	–	20.9	71.1	8.0	–	–	–	细砂
	DK02-8	13.8~14.0	–	–	–	–	–	–	18.1	74.2	7.7	–	–	–	细砂
	DK02-9	19.8~20.0	–	–	–	–	–	–	–	68.7	28.4	2.9	–	–	粉砂
	DK02-10	24.8~25.0	–	–	–	–	–	–	–	78.7	18.4	2.9	–	–	粉砂
	DK02-11	29.8~30.0	–	–	–	–	–	–	–	69.3	27.8	2.9	–	–	粉砂
	DK02-12	34.8~35.0	–	–	–	–	–	–	–	0.3	54.8	44.9	39.2	23.1	粉质黏土
	DK02-13	39.6~39.8	–	–	–	–	–	–	–	0.7	56.1	43.2	38.8	23.0	粉质黏土
	DK02-14	44.8~45.0	–	–	–	–	–	–	–	69.7	27.4	2.9	–	–	粉砂
	DK02-15	49.8~50.0	–	–	–	–	–	–	–	72.3	24.8	2.9	–	–	粉砂
	DK03-1	0~0.2	–	–	–	–	–	–	–	21.0	74.3	4.7	27.6	18.5	粉土
	DK03-2	1.8~2.0	–	–	–	–	–	–	–	67.7	29.4	2.9	–	–	粉砂
	DK03-3	4.3~4.5	–	–	–	–	–	–	–	1.3	70.5	28.2	28.8	18.0	粉质黏土
	DK03-4	5.8~6.0	–	–	–	–	–	–	–	2.0	71.4	26.6	28.4	17.8	粉质黏土
	DK03-5	7.8~8.0	–	–	–	–	–	–	–	76.7	20.4	2.9	–	–	粉砂

续表

孔号	分析号	取样深度	颗粒组成百分比/%										液限 WL/%	塑限 WP/%	土粒成分定名
			卵粒类土/mm					砂类土/mm			黏类土/mm				
			≥60	60~≥20	20~≥10	10~≥5	5~≥2	2~≥0.5	0.5~≥0.25	0.25~≥0.075	0.075~≥0.005	<0.005			
DK03	DK03-6	9.8~10.0	-	-	-	-	-	-	-	66.3	30.8	2.9	-	-	粉砂
	DK03-7	11.8~12.0	-	-	-	-	-	-	20.7	72.6	6.7	-	-	-	细砂
	DK03-8	13.8~14.0	-	-	-	-	-	-	-	67.3	29.8	2.9	-	-	粉砂
	DK03-9	19.8~20.0	-	-	-	-	-	-	-	70.7	26.4	2.9	-	-	粉砂
	DK03-10	24.8~25.0	-	-	-	-	-	-	-	76.0	21.1	2.9	-	-	粉砂
	DK03-11	29.8~30.0	-	-	-	-	-	-	-	65.3	31.8	2.9	-	-	粉砂
	DK03-12	34.8~35.0	-	-	-	-	-	-	-	68.7	28.4	2.9	-	-	粉砂
	DK03-13	37.8~38.0	-	-	-	-	-	-	-	1.0	60.4	38.6	35.8	21.6	粉质黏土
	DK03-14	44.8~45.0	-	-	-	-	-	-	17.9	76.8	5.3	-	-	-	细砂
	DK03-15	49.8~50.0	-	-	-	-	-	-	-	71.7	25.4	2.9	-	-	粉砂
DK04	DK04-1	0~0.2	-	-	-	-	-	-	-	4.0	72.5	23.5	28.2	17.9	粉质黏土
	DK04-2	1.8~2.0	-	-	-	-	-	-	-	3.3	78.4	18.3	27.5	17.7	粉土
	DK04-3	3.8~4.0	-	-	-	-	-	-	-	1.7	70.1	28.2	28.9	18.0	粉质黏土
	DK04-4	5.8~6.0	-	-	-	-	-	-	-	2.0	91.6	6.4	22.8	15.2	粉土
	DK04-5	7.8~8.0	-	-	-	-	-	-	-	77.0	20.1	2.9	-	-	粉砂
	DK04-6	9.8~10.0	-	-	-	-	-	-	-	71.7	25.4	2.9	-	-	粉砂
	DK04-7	11.8~12.0	-	-	-	-	-	-	-	64.0	31.3	4.7	-	-	粉砂

续表

孔号	分析号	取样深度	颗粒组成百分比%										液限 WL/%	塑限 WP/%	土粒成分定名
			卵粒类土/mm				砂类土/mm				黏类土/mm				
			≥60	60~≥20	20~≥10	10~≥5	5~≥2	2~≥0.5	0.5~≥0.25	0.25~≥0.075	0.075~≥0.005	<0.005			
DK04	DK04-8	13.8~14.0	—	—	—	—	—	—	—	62.7	32.6	4.7	—	—	粉砂
	DK04-9	19.8~20.0	—	—	—	—	—	2.1	19.4	71.8	6.7	—	—	—	细砂
	DK04-10	24.8~25.0	—	—	—	—	—	1.8	19.6	72.3	6.3	—	—	—	细砂
	DK04-11	30.5~30.7	—	—	—	—	—	—	—	3.7	69.7	26.6	28.4	17.8	粉质黏土
	DK04-12	34.8~35.0	—	—	—	—	—	—	—	21.7	65.8	12.5	27.1	17.8	粉土
	DK04-13	38.4~38.6	—	—	—	—	—	—	—	2.3	79.9	17.8	27.5	17.7	粉土
	DK04-14	44.8~45.0	—	—	—	—	—	—	—	77.7	19.4	2.9	—	—	粉砂
	DK04-15	49.8~50.0	—	—	—	—	—	—	—	3.3	80.1	16.6	27.3	17.7	粉土
DK05	DK05-1	0	—	—	—	—	—	—	—	1.0	50.5	48.5	39.3	22.9	粉质黏土
	DK05-2	2	—	—	—	—	—	—	—	2.0	66.7	31.3	31.2	19.3	粉质黏土
	DK05-3	4	—	—	—	—	—	—	—	1.0	66.4	32.6	31.5	19.4	粉质黏土
	DK05-4	6	—	—	—	—	—	—	—	72.0	25.1	2.9	—	—	粉砂
	DK05-5	8	—	—	—	—	—	—	—	27.0	68.3	4.7	22.5	15.1	粉土
	DK05-6	9.8	—	—	—	—	—	—	—	—	37.6	62.4	40.2	22.3	黏土
	DK05-7	11.5	—	—	—	—	—	—	—	2.0	59.4	38.6	33.6	20.3	粉质黏土
	DK05-8	14	—	—	—	—	—	—	—	75.3	21.8	2.9	—	—	粉砂
	DK05-9	20	—	—	—	—	—	—	—	68.7	26.6	4.7	—	—	粉砂

续表

孔号	分析号	取样深度	颗粒组成百分比%											液限 WL/%	塑限 WP/%	土粒成分定名
			卵粒类土/mm				砂类土/mm				黏类土/mm					
			≥60	60~≥20	20~≥10	10~≥5	5~≥2	2~≥0.5	0.5~≥0.25	0.25~≥0.075	0.075~≥0.005	<0.005			
	DK05-10	25	–	–	–	–	–	–	–	72.7	22.6	4.7	–	–	粉砂
	DK05-11	28.8	–	–	–	–	–	–	–	35.0	60.3	4.7	22.5	15.1	粉土
	DK05-12	34.3	–	–	–	–	–	–	–	–	49.9	50.1	41.0	23.8	黏土
	DK05-13	40	–	–	–	–	–	–	–	77.0	20.1	2.9	–	–	粉砂
	DK05-14	45	–	–	–	–	–	–	–	76.0	21.1	2.9	–	–	粉砂
	DK05-15	50	–	–	–	–	–	–	–	16.0	77.6	6.4	23.3	15.5	粉土
	DK06-1	0~0.2	–	–	–	–	–	–	–	3.3	61.0	35.7	33.1	20.1	粉质黏土
	DK06-2	1.1~1.3	–	–	–	–	–	–	–	2.0	56.4	41.6	38.8	23.2	粉质黏土
	DK06-3	3.8~4.0	–	–	–	–	–	–	–	77.0	20.1	2.9	–	–	粉砂
	DK06-4	5.8~6.0	–	–	–	–	–	–	–	73.7	23.4	2.9	–	–	粉砂
	DK06-5	7.8~8.0	–	–	–	–	–	–	–	78.7	16.6	4.7	–	–	粉砂
DK06	DK06-6	9.8~10.0	–	–	–	–	–	–	–	73.0	24.1	2.9	–	–	粉砂
	DK06-7	11.8~12.0	–	–	–	–	–	–	25.7	68.9	5.4	–	–	–	细砂
	DK06-8	13.8~14.0	–	–	–	–	–	–	–	64.0	31.3	4.7	–	–	粉砂
	DK06-9	19.8~20.0	–	–	–	–	–	–	–	63.0	32.3	4.7	–	–	粉砂
	DK06-10	24.8~25.0	–	–	–	–	–	–	–	75.0	20.3	4.7	–	–	粉砂
	DK06-11	29.8~30.0	–	–	–	–	–	–	–	30.7	62.9	6.4	23.3	15.5	粉土

续表

孔号	分析号	取样深度	颗粒组成百分比/%										液限 WL/%	塑限 WP/%	土粒成分定名
			卵粒类土/mm					砂类土/mm			黏类土/mm				
			≥60	60~≥20	20~≥10	10~≥5	5~>2	2~≥0.5	0.5~≥0.25	0.25~≥0.075	0.075~≥0.005	<0.005			
	DK06-12	34.8~35.0	-	-	-	-	-	-	-	34.0	61.3	4.7	22.5	15.1	粉土
	DK06-13	42.1~42.3	-	-	-	-	-	-	-	1.7	80.0	18.3	27.5	17.7	粉土
	DK06-14	46.0~46.2	-	-	-	-	-	-	-	27.7	66.8	5.5	22.6	15.1	粉土
	DK06-15	49.8~50.0	-	-	-	-	-	-	-	10.7	76.8	12.5	27.0	17.7	粉土
	DK07-1	0~0.2	-	-	-	-	-	-	-	1.0	60.4	38.6	34.2	20.6	粉质黏土
	DK07-2	1.8~2.0	-	-	-	-	-	-	-	1.0	61.8	37.2	33.8	20.5	粉质黏土
	DK07-3	3.9~4.0	-	-	-	-	-	-	-	75.7	21.4	2.9	-	-	粉砂
	DK07-4	5.8~6.0	-	-	-	-	-	-	-	67.3	29.8	2.9	-	-	粉砂
	DK07-5	7.8~8.0	-	-	-	-	-	-	20.7	74.6	4.7	-	-	-	细砂
	DK07-6	9.8~10.0	-	-	-	-	-	1.3	18.7	74.3	5.7	-	-	-	细砂
	DK07-7	11.8~12.0	-	-	-	-	-	1.5	17.0	77.6	3.9	-	-	-	细砂
DK07	DK07-8	13.8~14.0	-	-	-	-	-	-	-	71.3	25.8	2.9	-	-	粉砂
	DK07-9	19.8~20.0	-	-	-	-	-	-	-	64.3	32.8	2.9	-	-	粉砂
	DK07-10	24.8~25.0	-	-	-	-	-	-	-	69.0	28.1	2.9	-	-	粉砂
	DK07-11	29.8~30.0	-	-	-	-	-	-	-	74.0	23.1	2.9	-	-	粉砂
	DK07-12	34.8~35.0	-	-	-	-	-	-	-	71.7	25.4	2.9	-	-	粉砂
	DK07-13	41.8~42.0	-	13.4	34.0	20.0	4.6	2.8	11.4	13.0	0.8	-	-	-	角砾

续表

孔号	分析号	取样深度	颗粒组成百分比%										液限	塑限	土粒成分定名
			卵粒类土/mm					砂类土/mm			黏类土/mm		WL/%	WP/%	
			≥60	60~≥20	20~≥10	10~≥5	5~≥2	2~≥0.5	0.5~≥0.25	0.25~≥0.075	0.075~≥0.005	<0.005			
	DK07-14	44.8~45.0	–	–	–	–	–	–	–	64.7	32.4	2.9	–	–	粉砂
	DK07-15	49.8~50.0	–	13.0	34.1	20.2	4.4	3.0	11.3	13.1	0.9	–	–	–	角砾
	DK08-1	0	–	–	–	–	–	–	–	4.3	85.9	9.8	26.5	17.5	粉土
	DK08-2	2	–	–	–	–	–	–	–	0.3	51.2	48.5	38.3	22.3	粉质黏土
	DK08-3	4	–	–	–	–	–	–	–	7.0	88.3	4.7	22.5	15.1	粉土
	DK08-4	5.5	–	–	–	–	–	–	–	0.7	54.4	44.9	38.1	22.5	粉质黏土
	DK08-5	6.5	–	–	–	–	–	–	–	5.0	90.3	4.7	22.6	15.2	粉土
	DK08-6	10	–	–	–	–	2.4	22.7	–	71.2	3.7	–	–	–	细砂
	DK08-7	12	–	–	–	–	–	–	–	74.0	23.1	2.9	–	–	粉砂
DK08	DK08-8	14	–	–	–	–	–	–	–	69.3	27.8	2.9	–	–	粉砂
	DK08-9	20	–	–	–	–	1.6	17.1	–	76.6	4.7	–	–	–	细砂
	DK08-10	25	–	–	–	–	–	–	–	72.0	25.1	2.9	–	–	粉砂
	DK08-11	30	–	–	–	–	–	–	–	75.7	21.4	2.9	–	–	粉砂
	DK08-12	35	–	–	–	–	–	–	–	68.7	28.4	2.9	–	–	粉砂
	DK08-13	37.5	–	–	13.5	28.3	11.9	10.2	12.2	22.1	1.8	–	–	–	角砾
	DK08-14	45	–	–	–	–	–	–	–	14.0	81.3	4.7	27.5	18.4	粉土
	DK08-15	50	–	–	–	–	–	–	–	18.0	75.6	6.4	23.3	15.5	粉土

续表

孔号	分析号	取样深度	颗粒组成百分比%											液限	塑限	土粒成分定名
			卵粒类土/mm					砂类土/mm			黏类土/mm		WL/%	WP/%	
			≥60	60~≥20	20~≥10	10~≥5	5~≥2	2~≥0.5	0.5~≥0.25	0.25~≥0.075	0.075~≥0.005	<0.005			
DK09	DK09-1	0~0.2	–	–	–	–	–	–	–	5.0	88.6	6.4	23.4	15.6	粉土
	DK09-2	1.8~2.0	–	–	–	–	–	–	–	2.0	79.7	18.3	27.4	17.6	粉土
	DK09-3	3.8~4.0	–	–	–	–	–	2.0	21.0	73.1	3.9	–	–	–	细砂
	DK09-4	5.8~6.0	–	–	–	–	–	1.8	18.4	76.3	3.5	–	–	–	细砂
	DK09-5	7.8~8.0	–	–	–	–	–	1.6	20.6	74.1	3.7	–	–	–	细砂
	DK09-6	9.8~10.0	–	–	–	–	–	–	15.5	79.7	4.8	–	–	–	细砂
	DK09-7	11.8~12.0	–	–	–	–	–	–	–	68.3	28.8	2.9	–	–	粉砂
	DK09-8	13.8~14.0	–	–	–	–	–	–	–	71.3	25.8	2.9	–	–	粉砂
	DK09-9	19.8~20.0	–	–	–	–	–	–	–	75.7	21.4	2.9	–	–	粉砂
	DK09-10	24.8~25.0	–	–	–	–	–	–	–	73.0	24.1	2.9	–	–	粉砂
	DK09-11	31.3~31.5	–	–	–	–	–	–	–	1.0	67.9	31.1	32.6	20.1	粉质黏土
	DK09-12	34.8~35.0	–	13.9	33.9	19.8	4.6	2.5	11.5	13.2	0.6	–	–	–	角砾
	DK09-13	40.1~40.3	–	14.3	32.7	19.5	4.3	2.8	12.0	13.7	0.7	–	–	–	角砾
	DK09-14	44.8~45.0	–	9.3	26.3	14.2	9.3	4.7	16.9	17.3	2.0	–	–	–	角砾
	DK09-15	49.8~50.0	–	–	–	–	–	–	–	77.0	20.1	2.9	–	–	粉砂
	DK10-1	0~0.2	–	–	–	–	–	–	22.2	73.8	4.0	–	–	–	细砂
	DK10-2	1.3~1.5	–	–	–	–	–	–	–	7.0	80.5	12.5	27.1	17.8	粉土

续表

孔号	分析号	取样深度	颗粒组成百分比%											液限	塑限	土粒成分定名
			卵粒类土/mm					砂类土/mm			黏类土/mm			WL/%	WP/%	
			≥60	60~ ≥20	20~ ≥10	10~ ≥5	5~≥2	2~ ≥0.5	0.5~ ≥0.25	0.25~ ≥0.075	0.075~ ≥0.005	<0.005			
DK10	DK10-3	3.8~4.0	-	-	-	-	-	1.7	20.4	74.5	3.4	-	-	-	细砂
	DK10-4	5.8~6.0	-	-	-	-	-	-	-	63.7	33.4	2.9	-	-	粉砂
	DK10-5	7.8~8.0	-	-	-	-	-	1.7	19.5	74.4	4.4	-	-	-	细砂
	DK10-6	9.8~10.0	-	-	-	-	-	1.5	21.0	75.4	2.1	-	-	-	细砂
	DK10-7	11.8~12.0	-	-	-	-	-	1.3	21.7	74.9	2.1	-	-	-	细砂
	DK10-8	13.8~14.0	-	-	-	-	-	1.5	22.5	73.5	2.5	-	-	-	细砂
	DK10-9	20.8~21.0	-	-	-	-	-	-	-	2.0	66.7	31.3	32.3	20.0	粉质黏土
	DK10-10	24.8~25.0	-	-	-	-	-	1.3	21.6	75.6	1.5	-	-	-	细砂
	DK10-11	29.8~30.0	-	-	-	-	-	-	-	66.0	31.1	2.9	-	-	粉砂
	DK10-12	34.8~35.0	-	-	-	-	-	-	-	70.3	26.8	2.9	-	-	粉砂
	DK10-13	39.8~40.0	-	-	-	-	-	-	-	74.3	22.8	2.9	-	-	粉砂
	DK10-14	44.8~45.0	-	-	-	-	-	-	-	27.0	68.3	4.7	22.5	15.1	粉土
	DK10-15	49.8~50.0	-	-	-	-	-	-	-	77.0	20.1	2.9	-	-	粉砂

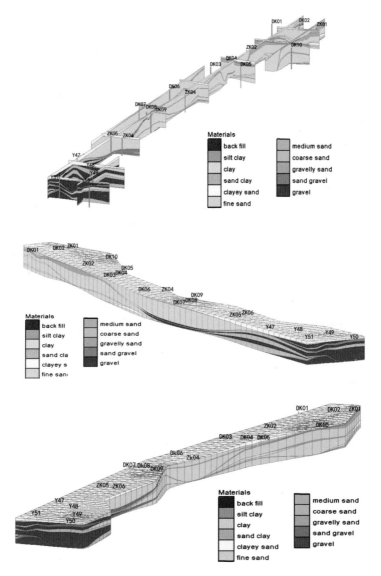

图 5-1　研究区 50 m 深度以内三维立体结构及剖面图

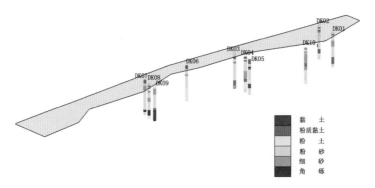

图 5-2 研究区地质钻孔颗粒分析结果岩性分布图

5.2 地下水资源量保证程度分析

水资源量是傍河水源地供水量能否达到供水需求的重要依据，傍河水源地的水资源量除原有地下水系统中水资源蕴藏量外，还包括傍河水源对河水的袭夺水量。本次抽水试验成果显示，研究区中银川市范围内潜水富水性较差，基本在 1000~2000 m³/d（统一 φ305 mm 口径，10 m 降深）。因此，查明开采条件下东部黄河的激发补给量至关重要。

5.2.1 现状条件下黄河与地下水补排关系

黄河与地下水的关系主要受地质构造、地形地貌、气象水文、人类活动等条件控制。在银川平原，受贺兰山隆升影响，黄河向东南方向侵蚀，西北岸漫滩及 Ⅰ、Ⅱ 级阶地发育，最宽达 50 km，东南岸谷坡较陡，阶地不发育，宽度不大，为近代风沙所掩埋，黄河成为研究区内最低排泄基准面。

根据本次水位统测结果绘制的地下水等水位线图可以看出，在研究区内黄河西部地下水位高于黄河水位，即地下水向黄河排泄。由于研究区范围内地势平坦，地下水径流速度缓慢，靠近黄河部位天然状态下水力坡度约为 0.3‰~0.9‰，因此当河流附近地下水受人工长期开采或者其他因素发生变化时，将会影响河流附近地下水的运动状态。

5.2.2 开采条件下黄河与地下水补排关系分析

受大规模水利工程、傍河开采等因素影响，水循环条件发生巨大变化，河流与地下水之间转化关系也趋于复杂化。人类活动可以改变河水入渗状态，傍河抽水实际上是诱导河水入渗。

1. 地下水流场特征

依据 ZK03 井组非稳定流抽水试验数据，采用 106.80 m³/h 的水泵连续抽水 7 天（168 h），作出流场分布图（图 5-3）。由图可知，距离开采井越近水力梯度越大，距离开采井越远水力梯度越小。随着开采时间的延长，漏斗不断扩张，会激发黄河水补给地下水。由于含水层岩性为粉砂、细砂层，渗透系数多在 6~10 m/d，渗透性相对较小，导水能力弱，会阻碍黄河水对含水层的直接补给。

2. 水位变化特征

根据 ZK03 井组上下层混合稳定流抽水试验成果，抽水历时曲线（图 5-4）及距离–降深曲线（图 5-5）可知：

第一，随着开采量的增大，水位呈持续下降状态，能得到的黄河激发补给量有限。开采量 68.9 m³/h（小落程）抽水时，8 小时内水位基本能达到稳定。开采量达到 217.3 m³/h（大落程）抽水时，连续抽水 32 小时水位呈持续下降状态，未能达到稳定状态。说明抽水过程中，地下水不能得到黄河水的及时补给，二者水力联系较弱。

第二，随着开采量增大，水位降深增大，开采井周边三维流影响显著增加。机井周边含水层中的地下水无法迅速流入井内，从而产生较大井阻效应，导致能开采出的水量减少。同时井周边三维流的影响随着与开采井的距离增加迅速降低。例如 ZK03-1 孔距离 ZK03 抽水孔

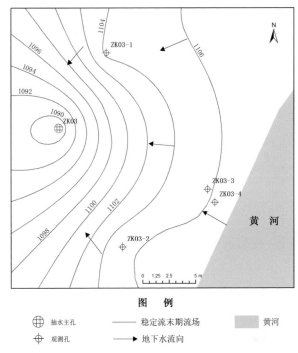

图 5-3 ZK03 孔抽水 7 天地下水流场图

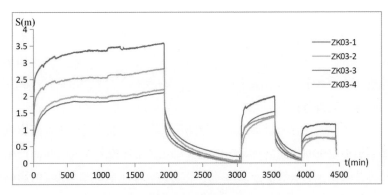

图 5-4 ZK03 井稳定流抽水观测孔降深 S—时间 t 曲线

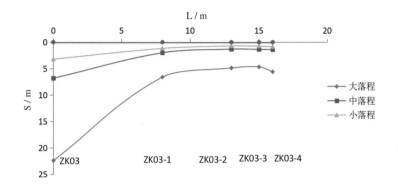

图 5-5　ZK03 井稳定流抽水观测孔距离 L—降深 S 曲线

8 m，小落程水力梯度为 0.254，大落程水力梯度增大至 1.926。距离较远的 ZK03-3、ZK03-4 孔水力梯度变缓。

第三，随着开采量的增大，下层承压水水位降深大于上层潜水水位降深。反映出随着开采量增加，下部承压含水层对机井的补给量逐渐增大，补给能力强于潜水。抽水试验场含水层在 20.40～22.8 m 为砂黏土层，厚 2.4 m，结构致密，分布连续，是相对较好的隔水层。ZK03-3 井距离抽水孔 15 m，深 16 m，监测上层潜水水位。ZK03-4 井距离抽水孔 16 m，深 30 m，监测下层承压水水位。从距离 - 降深曲线（图 5-5）可以看出，中落程和小落程抽水，上下层水位降深相差不大，基本处于同步下降状态。大落程抽水时，上层水位降深 1.91 m，下层水位降深 2.8 m，下层水位降深大于上层水位。说明抽水量较小时，上下含水层对机井的补给量相当。随着抽水量的增加，下层对机井的补给量大于上层对机井的补给量。

第四，随着含水层开采量增大，可获得的黄河激发补给量有限。理论上地下水开采过程中，随着开采量增加，降深增大，开采漏斗逐步扩大、扩展到黄河岸边进而源源不断获得黄河激发补给量，形成稳定的流场。但在实际抽水试验过程中，随着抽水量增大下部承压含水层补给速率基本不变，上层潜水补给速率逐步变缓。同时黄河岸边上层 ZK03-3 和下层 ZK03-4 随着抽水量增加水位持续下降，没有形成稳定水头边界。说明含水层地下水与黄河水水力联系较弱，含水层渗透性相对较低，抽水时能获得的黄河激发补给量有限。

3. 水质变化特征

非稳定流抽水试验期间，每天采集水样，对持续抽水 7 天中水质变化情况进行分析（表 5-2、图 5-6）。从表中可以看出，抽水前黄河边 ZK03 孔溶解性总固体上、下层分别为 6.56 g/L 和 18.24 g/L，抽水第一天变为 8.53 g/L，第七天为 9.47 g/L，溶解性总固体呈现先骤降后缓慢上升的趋势。此种现象反映出开泵后上下层水混合流出，溶解性总

表 5-2　非稳定流抽水试验水质动态变化表

采样类型	采样点	取样日期	溶解性总固体/(mg·L⁻¹)	K^+/(mg·L⁻¹)	Na^+/(mg·L⁻¹)	Mg^{2+}/(mg·L⁻¹)	Ca^{2+}/(mg·L⁻¹)	Cl^-/(mg·L⁻¹)	SO_4^{2-}/(mg·L⁻¹)	HCO_3^-/(mg·L⁻¹)
抽水前	W13黄河	2017年9月26日	0.66	0.00	0.10	0.04	0.07	0.11	0.23	0.22
	ZK03-3 上层水	2017年9月30日	6.56	0.01	1.86	0.25	0.24	2.37	1.44	0.73
	ZK03-4 下层水	2017年9月30日	18.24	0.01	4.83	0.76	0.7	6.46	5.08	0.74
抽水时	ZK03 抽水孔 下层水	2017年10月3日	8.53	0.01	2.16	0.38	0.38	2.96	2.32	0.62
		2017年10月4日	9.04	0.01	2.33	0.39	0.39	3.13	2.45	0.63
		2017年10月5日	9.16	0.01	2.34	0.39	0.39	3.22	2.46	0.63
		2017年10月6日	9.31	0.01	2.34	0.4	0.39	3.34	2.49	0.64
		2017年10月7日	9.28	0.01	2.31	0.4	0.4	3.37	2.45	0.64
		2017年10月8日	9.8	0.01	2.53	0.42	0.41	3.49	2.6	0.65
		2017年10月9日	9.47	0.01	2.43	0.4	0.4	3.36	2.52	0.65

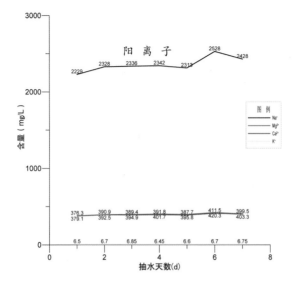

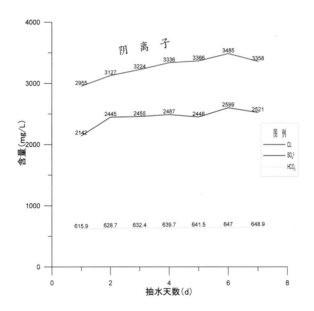

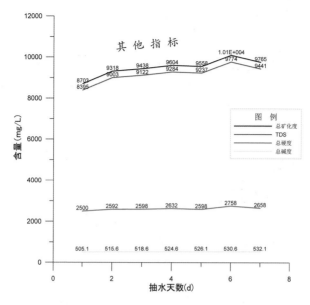

图 5-6　ZK03 孔抽水 7 天水质变化图

固体从 18.24 骤变为 8.53 g/L；同时反映井孔止水工作差，形成上下层混合抽水的情况。随着抽水的延续，溶解性总固体从 8.53 g/L 上升到 9.47 g/L，反映出下层咸水补给量逐渐增加，上层水补给量逐渐减少的特点。

由图 5-6 可以看出，阳离子中 Na^+ 含量最高，K^+ 含量最少，K^+ 与 Na^+ 相比几乎可忽略不计，Ca^{2+}、Mg^{2+} 离子含量居中，并且含量、变化趋势都相似；阴离子中 Cl^- 含量最高，HCO_3^- 含量最少，SO_4^{2-} 含量居中，另外 TDS 含量也非常高。无论是阳离子还是阴离子或是其他指标均无下降趋势，甚至 Na^+、Cl^-、TDS 等指标含量反而有所上升，TDS 上升 12.46 %，氯离子上升 13.64 %。与采集黄河水样 W13 作对比发现，ZK03 水样 SO_4^{2-} 含量与 TDS 高出 W13 十倍之多，总硬度也高出将近八倍。因此，可以认为在开采条件下，黄河对地下水的补给作用较弱，随着开采进行，水质不断恶化。

由图5-7可以看出，黄河水和邻近地下水具有不同的水化学特征，水化学类型差异较大，且随着开采的进行，ZK03孔水化学类型并没有向黄河水化学类型变化的趋势，进一步说明黄河水和地下水水力联系较差，开采条件下的补给作用较小。

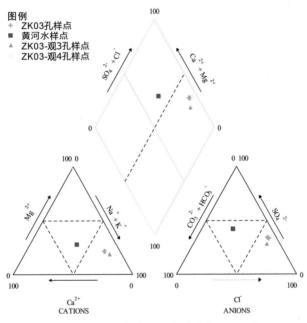

图5-7　ZK03孔抽水7天水质变化Piper图

5.2.3　数值模型评价黄河最大激发补给量

傍河水源地开采量主要是由均衡状态下的排泄减少量和激发的河流入渗补给量构成，径流过程中含水层的储存量作为中间媒介进行水量交换。地下水开采时会产生降落漏斗，打破自然状态下的平衡，并随开采时间延长逐渐形成新的平衡状态。在此过程中为使生态环境不至于恶化，根据前人研究成果限定水位最大降深不超过含水层厚度的二分之一（25 m）。据此采用前述数值模型，设计大口径开采井 10 眼，井间距 2300 m，将各含水层有关参数、边界条件等代入模型后，利用所建立的数学模型进行求解运算。当含水层最大降深达到约定的 25 m 限值时，最大允许的日均开采量达 47672.62 m³，模型计算出的降深及等水位线如图 5-8 和图 5-9 所示。开采条件下的地下水系统水量均衡结果见表 5-3。

从表 5-3 中可知：研究区内地下水系统总补给量为 56441.75 m³，总排泄量为 56423.08 m³，处于均衡状态。其中黄河入渗量占总补给量的 38.91%，灌溉入渗补给量占总补给量的 42.90%，降水入渗量与西侧边界的渠系渗漏补给量分别占总补给量的 6.40% 和 11.79%；大口径井开采量占总排泄量的 84.49%，排水沟排泄量占总排泄量的 5.89%，黄河侧向排泄量与蒸发排泄量分别占总排泄量的 4.88% 和 4.74%。

与天然状态下相比，在总补给量方面，大口径井的开采导致了研究区东侧黄河边界大量补给地下水，同时激发了田间灌溉入渗补给；在总排泄量方面，大口径井的开采量占据总排泄量的大部分，排水沟与蒸发的排泄量有所减少。由此看出，大口径井的开采导致研究区东侧的黄河边界大量补给地下水，大口径井的开采能激发黄河最大补给资源量约为 21961.67 m³/d。

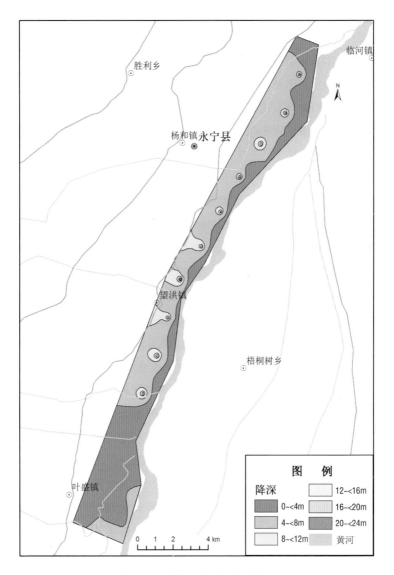

图 5-8　开采后地下水降深分区

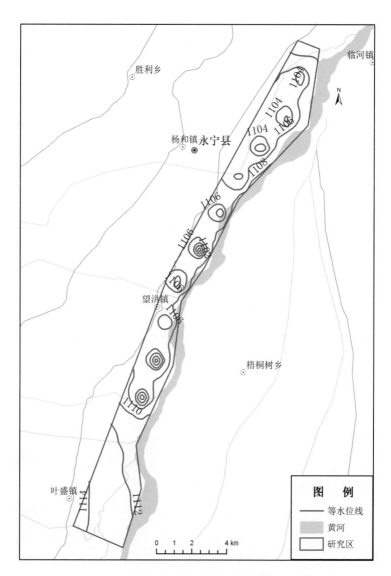

图 5-9　开采后地下水位等值线

表 5-3　模拟开采状态时地下水均衡结果表

	项别	补给与排泄量/(m³·d⁻¹)	百分比
补给项	降水入渗补给量	3610.36	6.40%
	田间灌溉入渗补给量	24213.24	42.90%
	侧向补给量	6656.48	11.79%
	黄河入渗量	21961.67	38.91%
小计		56441.75	100.00%
排泄项	排水沟排泄量	3322.36	5.89%
	黄河侧向排泄量	2751.32	4.88%
	蒸发排泄量	2676.77	4.74%
	大口径井开采量	47672.63	84.49%
小计		56423.08	100.00%
均衡差		—	

5.3　傍河取水水质保证程度分析

5.3.1　黄河水水质特征

本次工作在黄河中游和下游各采集一组地表环境质量分析样品，按照《地表水环境质量标准》（GB3838—2002）中的Ⅲ类标准进行单因子评价和综合评价；在上游黄河水 W13 采取了一个水样进行水质全分析测试，对于《地表水环境质量标准》（GB3838—2002）未作规定的项目指标，采用《地下水质量标准》（GB/T14848—2017）中的Ⅲ类标准进行评价，黄河水质情况见表 5-4。

由表 5-4 可以看出黄河水在研究区入口超标项目为总氮和石油类，在研究区中部超标项目为总氮和锰，在研究区出口超标项目为总氮、锰和铁（图 5-10）。

5.3.2　浅层地下水水质特征

本次工作采集地下水全分析样、有毒元素样和五项毒物分析样共

表5-4　黄河水质统计表

黄河水编号	采样位置(研究区)	氰(以CN计)	Tfe(全铁)	Cl⁻	阴离子表面活性剂	NO₃⁻	NO₂⁻	NH₄⁺
标准值		$\leq$0.2mg/L	$\leq$0.3mg/L	$\leq$250mg/L	$\leq$0.20mg/L	$\leq$10mg/L	$\leq$1.00mg/L	$\leq$1.0mg/L
H01	下游黄河水	<0.00028	0.339	108.000	<0.0083	3.330		0.060
H02	中游黄河水	<0.00028	0.285	97.100	0.02	3.290		0.080
W13	上游黄河水	0.0010	0.020	105.260	0.05L	9.040	0.284	0.200

黄河水编号	采样位置(研究区)	六价铬	汞	锌	生化需氧量(BOD5)	镉	铅
标准值		$\leq$0.05mg/L	$\leq$0.0001mg/L	$\leq$1.0mg/L	$\leq$4.0mg/L	$\leq$0.005mg/L	$\leq$0.05mg/L
H01	下游黄河水	<0.004	<0.00001	<0.0056			
H02	中游黄河水	<0.004	<0.00001	0.052			
W13	上游黄河水	0.0020	0.0001	0.001	3.13	0.001	0.0010

黄河水编号	采样位置(研究区)	溶解性总固体	总硬度	pH	酚(以苯酚计)	锰	砷	铜
标准值		$\leq$1000mg/L	$\leq$450mg/L	6~8	$\leq$0.005mg/L	$\leq$0.1mg/L	$\leq$0.05mg/L	$\leq$1.0mg/L
H01	下游黄河水			7.870	0.0008	0.924	<0.00031	0.0050
H02	中游黄河水			7.930	<0.00068	0.332	<0.00031	<0.0033
W13	上游黄河水	661.380	328.780	8.230	0.0010	0.011	0.0001	0.0050

黄河水编号	采样位置(研究区)	高锰酸盐指数	SO₄²⁻	硫化物	粪大肠菌群(个·L⁻¹)	F⁻	石油类	总磷	总氮
标准值		$\leq$6.0mg/L	$\leq$250mg/L	$\leq$0.20mg/L	$\leq$10000	$\leq$1.0mg/L	$\leq$0.05mg/L	$\leq$0.20mg/L	$\leq$1.0mg/L
H01	下游黄河水	1.390	212.200	0.02L		0.430	<0.03	0.04	3.40
H02	中游黄河水	3.540	196.500	0.02L		0.400	<0.03	0.03	4.85
W13	上游黄河水	2.560	228.000	0.005L	170.00	0.330	0.06	0.10	2.27

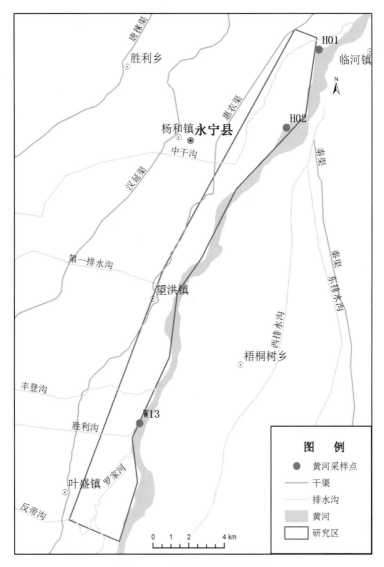

图 5-10 黄河水采样点分布图

28 组，含 22 组调查水样和 6 组钻孔水样。为了与本次采取的研究区内地表水水样进行比对，对 A2、A4、A5、A7、A11、A13、A18、A21、A30 与 A36 等部分靠近地表水的地下水取样点增加了生化需氧量（BOD5）、总磷、总氮、石油类、阴离子表面活性剂、硫化物、粪大肠菌群等 7 项指标（图 5-11）。这些水样按照含水岩组划分，都属于第 I 含水岩组。

地下水水质评价采用《地下水质量标准》（GB/T14848—2017）中的 III 类标准进行单因子评价和综合评价，增加的 7 项指标按照《地表水环境质量标准》（GB3838—2002）中的 III 类标准进行评价。

研究区地下水超出《地下水质量标准》（GB/T14848—2017）中的 III 类标准的元素主要有溶解性总固体、总硬度、硫酸盐、氯化物、铁离子、锰离子、锌离子、铵氮、高锰酸盐指数、石油类和亚硝酸盐；超出《地表水环境质量标准》（GB3838—2002）中的 III 类标准的有生化需氧量（BOD5）、总氮和总磷。因水文地球化学作用的复杂性，不同地段各离子的含量差别巨大，离子统计结果见表 5-5，样点离子含量见表 5-6，以下对超标离子的检出做简单说明。

从表 5-5 可以看出，超标最严重的为总氮，超标率达 91.67 %；其次为 TFe（全铁）和锰含量，超标率为 89.29 % 和 82.14 %。此外，氨氮、硫酸盐、总硬度、色度超标率也大于 50 %，超标离子分布见图 5-12、图 5-13、图 5-14、图 5-15、图 5-16。

（1）铵氮：标准值≤0.2 mg/L，本次地下水样品除 DK04、DK07、A13、A21、A30 与 A32 外全部超标，最高值为 A9，达到 16.25 mg/L，超标达到 81.25 倍。铵氮超标原因推测是农业污染，有待进一步研究分析（图 5-12）。

（2）铁离子：标准值≤0.3 mg/L，本次地下水样品除 DK07、A8 与

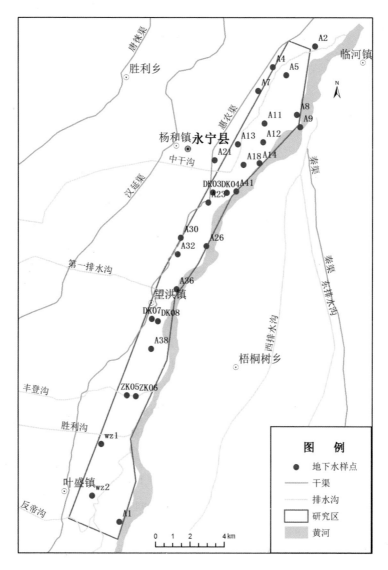

图 5-11　地下水采样点分布图

表 5-5　浅层地下水水样超标成分统计表

监测项目	NH_4^+	TFe（全铁）	Cl^-	SO_4^{2-}	NO_3^-	NO_2^-	F^-	高锰酸盐指数
标准（mg/L）	≤0.2	≤0.3	≤250	≤250	≤20	≤0.02	≤1.0	≤3.0
样本总数	28	28	28	28	28	28	28	28
超标样品数	22	25	6	14	0	3	0	9
超标率	78.57	89.29	21.43	50.00	0.00	10.71	0.00	32.14

监测项目	溶解性总固体	总硬度	pH	色度	锰	总氮	石油类	
标准（mg/L）	≤1000	≤450	6.5~8.5	≤15 度	≤0.1	≤1.0	≤0.05	
样本总数	28	28	28	28	28	12	12	
超标样品数	13	22	0	16	23	11	5	
超标率	46.43	78.57	0.00	57.14	82.14	91.67	41.67	

A11 外全部超标，最高值为 A5，达到 16.25 mg/L，超标达到 54.17 倍，从全铁分布图（图 5-13）可看出研究区范围内仅有望洪镇和王太村东南等地小范围内地下水全铁超标 5 倍以内，其余研究区大范围内全铁含量均严重超标。

　　（3）总硬度：标准值≤450 mg/L，本次地下水样品除 DK07、DK08、A4、A8、A11 与 A32 外其余样品均超标，最高值为 A9，达到 2154.60 mg/L，超标 4.788 倍。从总硬度分布图（图 5-14）可看出在研究区范围内仅有望洪镇以北、惠丰村东北的小范围内地下水总硬度符合标准，其余研究区范围内地下水总硬度均严重超标。

　　（4）硫酸盐：标准值≤250 mg/L，本次地下水样品有 14 个样品超标，分别是 ZK05、ZK06、DK04、A5、A9、A12、A13、A14、A18、A21、A30、A36、A39 与 A40，最高值为 ZK05，达到 1862.50 mg/L，超标 7.45 倍。从硫酸盐含量分布图（图 5-15）可看出研究区范围内只有望洪镇、东和村、唐滩村附近及惠丰村东侧小范围内地下水硫酸盐含量符合标准，研究区其他地方均超标严重。

表 5-6　研究区地下水水质统计表

地下水编号	NH$_4^+$	Tfe(全铁)	Cl$^-$	SO$_4^{2-}$	NO$_3^-$	NO$_2^-$	F$^-$	高锰酸盐指数	溶解性总固体	总硬度	pH
标准	≤0.2mg/L	≤0.3mg/L	≤250mg/L	≤250mg/L	≤20mg/L	≤0.02mg/L	≤1.0mg/L	≤3.0mg/L	≤1000mg/L	≤450mg/L	6.5~8.5
ZK05	1.44	4.01	1432.87	1862.50	1.00	0.004	0.41	4.08	5322.41	1616.75	7.48
ZK06	1.06	2.00	394.04	614.70	0.51	0.004	0.38	3.04	1974.80	737.71	7.58
DK03	1.50	1.06	88.06	211.90	2.00	0.004	0.22	1.64	862.01	584.30	7.78
DK04	0.10	1.65	102.99	379.20	3.02	0.056	0.76	2.00	1167.85	738.05	7.57
DK07	0.02	0.10	70.15	182.80	1.50	0.004	0.38	1.20	629.11	401.47	7.72
DK08	0.33	1.40	88.06	222.70	6.51	0.004	0.47	1.32	714.04	437.14	7.69
A1	0.55	0.54	104.48	126.60	1.50	0.004	0.33	2.32	699.27	465.82	7.72
A2	2.00	0.48	162.69	238.40	0.51	0.004	0.45	3.20	955.21	497.52	7.76
A4	1.75	1.12	98.51	12.78	0.51	0.004	0.69	3.52	649.10	301.67	7.77
A5	2.70	16.25	2291.10	1701.25	0.51	0.008	0.14	4.80	6146.15	1236.80	7.22
A7	1.26	2.10	161.20	162.00	0.51	0.004	0.90	5.12	1197.02	458.04	7.60
A8	1.40	0.01	85.08	84.11	0.51	0.004	0.29	2.00	623.94	408.93	7.26
A9	16.25	6.75	1977.66	1366.50	1.50	0.004	0.28	2.88	5373.83	2154.60	7.77
A11	0.76	0.10	100.00	134.60	0.51	0.004	0.38	2.40	635.66	157.03	8.06
A12	1.40	2.31	201.50	383.50	1.50	0.004	0.22	2.20	1397.36	937.11	7.56

续表

地下水编号	NH₄⁺	Tfe(全铁)	Cl⁻	SO₄²⁻	NO₃⁻	NO₂⁻	F⁻	高锰酸盐指数	溶解性总固体	总硬度	pH
标准	≤0.2mg/L	≤0.3mg/L	≤250mg/L	≤250mg/L	≤20mg/L	≤0.02mg/L	≤1.0mg/L	≤3.0mg/L	≤1000mg/L	≤450mg/L	6.5~8.5
A13	0.03	5.00	123.88	377.70	14.01	0.040	0.66	2.12	1168.50	707.27	7.43
A14	1.26	2.50	1828.40	1760.25	0.51	0.004	0.35	2.28	5629.89	1460.50	7.61
A18	1.34	1.12	183.59	385.40	0.51	0.004	0.21	4.16	1430.88	868.09	7.56
A21	0.03	0.56	77.61	288.90	1.00	0.004	0.30	1.84	952.92	600.38	7.67
A23	0.70	1.20	85.08	195.60	1.50	0.004	0.25	1.48	737.40	516.73	7.64
A26	0.53	1.30	88.06	191.30	1.50	0.004	0.39	1.40	847.59	556.23	7.64
A30	0.04	5.00	102.99	298.90	7.51	0.004	0.41	1.36	970.28	618.69	7.40
A32	0.02	0.55	65.67	154.40	1.00	0.004	0.58	1.20	553.56	344.74	7.72
A36	0.55	5.30	135.82	271.50	8.52	0.004	0.43	1.84	1011.26	611.26	7.10
A38	0.50	2.00	82.09	153.60	0.51	0.004	0.41	1.52	719.46	527.06	7.64
A39	1.34	1.16	358.22	343.90	0.51	0.012	0.30	3.04	1606.41	579.01	7.86
A40	0.73	1.16	179.11	255.20	0.51	0.241	0.31	3.56	1336.55	560.52	7.67
A41	2.00	2.20	113.44	155.00	1.00	0.004	0.49	2.40	932.85	614.53	7.51

续表

地下水编号	色度	酚（以苯酚计）	氰（以CN⁻计）	砷	六价铬	汞	铜	铅	锌	锰
标准	≤15度	≤0.002mg/L	≤0.05mg/L	≤0.05mg/L	≤0.05mg/L	≤0.001mg/L	≤1.0mg/L	≤0.05mg/L	≤1.0mg/L	≤0.1mg/L
ZK05	33	0.001	0.001	0.0240	0.002	0.0001	0.001	0.001	0.014	0.133
ZK06	14	0.001	0.001	0.0076	0.002	0.0001	0.001	0.001	0.001	0.143
DK03	20	0.001	0.001	0.0003	0.002	0.0001	0.001	0.001	0.001	0.307
DK04	3	0.001	0.001	0.0005	0.002	0.0001	0.003	0.001	1.208	0.213
DK07	1	0.001	0.001	0.0001	0.002	0.0001	0.001	0.001	0.001	0.255
DK08	34	0.001	0.001	0.0080	0.002	0.0001	0.001	0.001	0.001	0.192
A1	26	0.001	0.001	0.0045	0.002	0.0001	0.001	0.001	0.001	0.948
A2	8	0.001	0.001	0.0110	0.002	0.0001	0.003	0.001	0.001	0.313
A4	35	0.001	0.001	0.0140	0.002	0.0001	0.003	0.001	0.001	0.075
A5	56	0.001	0.001	0.0002	0.002	0.0001	0.001	0.001	0.038	0.260
A7	38	0.001	0.001	0.0260	0.002	0.0001	0.003	0.001	0.001	0.069
A8	43	0.001	0.001	0.0280	0.002	0.0001	0.007	0.001	0.001	0.930
A9	5	0.001	0.001	0.0198	0.002	0.0001	0.003	0.001	0.004	3.641
A11	3	0.001	0.001	0.0180	0.002	0.0001	0.003	0.001	0.001	0.148
A12	30	0.001	0.001	0.0140	0.002	0.0001	0.001	0.001	0.001	1.421

续表

地下水编号	色度	酚（以苯酚计）	氰（以 CN⁻计）	砷	六价铬	汞	铜	铅	锌	锰
标准	≤15度	≤0.002mg/L	≤0.05mg/L	≤0.05mg/L	≤0.05mg/L	≤0.001mg/L	≤1.0mg/L	≤0.05mg/L	≤1.0mg/L	≤0.1mg/L
A13	12	0.001	0.001	0.0120	0.002	0.0001	0.001	0.001	0.053	0.071
A14	**43**	0.001	0.001	0.0036	0.002	0.0001	0.007	0.001	0.004	**0.698**
A18	**46**	0.001	0.001	0.0140	0.002	0.0001	0.003	0.001	0.001	**1.830**
A21	7	0.001	0.001	0.0007	0.002	0.0001	0.001	0.001	0.105	**0.126**
A23	**30**	0.001	0.001	0.0006	0.002	0.0001	0.001	0.001	0.001	**0.334**
A26	**40**	0.001	0.001	0.0012	0.002	0.0001	0.003	0.001	0.001	**0.351**
A30	**23**	0.001	0.001	0.0024	0.002	0.0001	0.003	0.001	0.039	0.074
A32	15	0.001	0.001	0.0005	0.002	0.0001	0.001	0.001	0.001	0.095
A36	14	0.001	0.001	0.0050	0.002	0.0001	0.001	0.001	0.117	**0.433**
A38	**24**	0.001	0.001	0.0013	0.002	0.0001	0.007	0.001	0.594	**0.456**
A39		0.001	0.001	0.0160	0.002	0.0001	0.001	0.001	0.001	**0.172**
A40		0.001	0.001	0.0017	0.002	0.0001	0.001	0.001	0.001	**0.201**
A41	**27**	0.001	0.001	0.0210	0.002	0.0001	0.001	0.001	0.001	**0.747**

续表

地下水编号	镉	生化需氧量(BOD5)	总磷	总氮	石油类	阴离子表面活性剂	硫化物	粪大肠菌群(个/L^{-1})
标准	≤0.01mg/L	≤4.0mg/L	≤0.20mg/L	≤1.0mg/L	≤0.05mg/L	≤0.3mg/L	≤0.20mg/L	≤3.0
ZK05	0.001							
ZK06	0.001							
DK03	0.001							
DK04	0.001							
DK07	0.001							
DK08	0.001							
A1	0.001							
A2	0.001	1.34	0.05	**2.92**	**0.07**	0.05	0.005	20
A4	0.001	1.34	**0.22**	0.84	0.05	0.05	0.005	20
A5	0.001	2.69	0.02	**2.29**	**0.08**	0.05	0.005	20
A7	0.001	**6.15**	0.06	**1.16**	**0.09**	0.05	0.005	20
A8	0.001							
A9	0.001							
A11	0.001	2.88	0.02	**1.39**	0.04L	0.05	0.005	20
A12	0.001							

续表

地下水编号	镉	生化需氧量（BOD5）	总磷	总氮	石油类	阴离子表面活性剂	硫化物	粪大肠菌群（个·L⁻¹）
标准	≤0.01mg/L	≤4.0mg/L	≤0.20mg/L	≤1.0mg/L	≤0.05mg/L	≤0.3mg/L	≤0.20mg/L	≤3.0
A13	0.001	3.27	0.05	**3.76**	0.04	0.05	0.005	20
A14	0.001							
A18	0.001	1.34	0.13	**1.61**	0.04	0.05	0.005	20
A21	0.001	2.50	0.04	**1.61**	0.04	0.05	0.005	20
A23	0.001							
A26	0.001							
A30	0.001	2.01	0.02	**4.23**	0.04	0.05	0.005	20
A32	0.001							
A36	0.001	2.11	0.02	**1.81**	0.04	0.05	0.005	20
A38	0.001							
A39	0.001	2.30	0.06	**1.88**	**0.06**	0.05	0.005	20
A40	0.001	1.64	0.06	**2.41**	**0.09**	0.05	0.005	**520**
A41	0.001							

注：加粗为超标项。

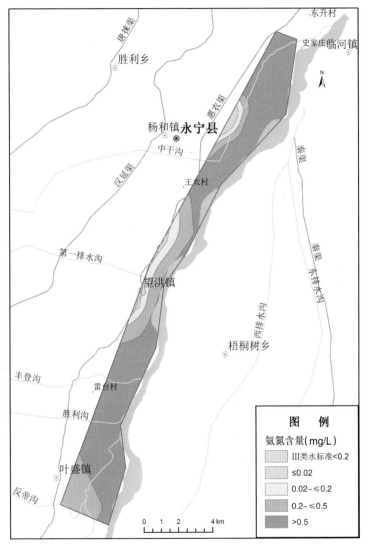

图 5-12　浅层地下水氨氮含量分布图

（Ⅲ类标准 <0.2 mg/L）

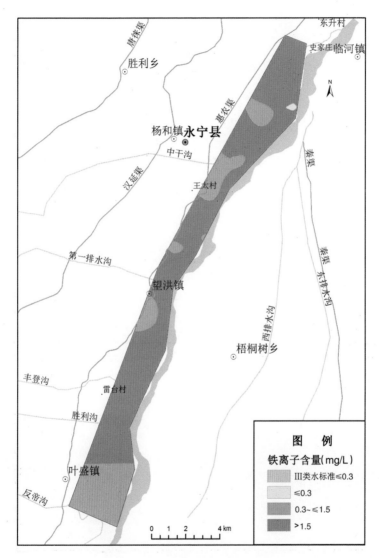

图 5-13　浅层地下水全铁分布图

（Ⅲ类标准 <0.3 mg/L）

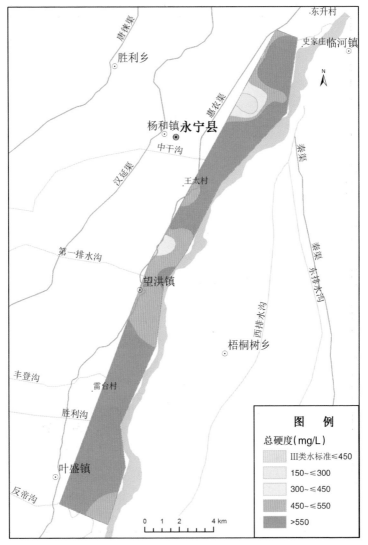

图 5-14　浅层地下水总硬度分布图

（Ⅲ类标准 <450 mg/L）

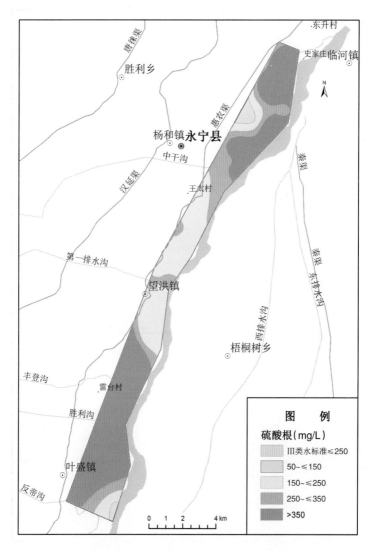

图 5-15　浅层地下水硫酸盐含量分布图

（Ⅲ类标准 <250 mg/L）

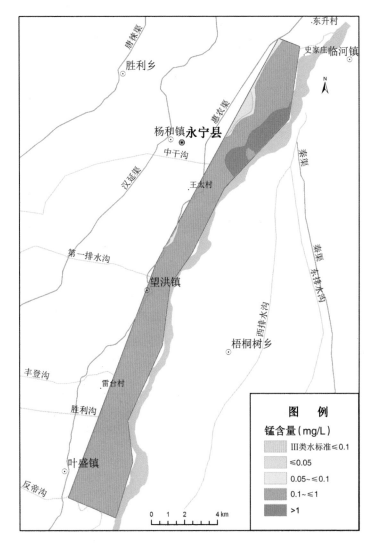

图 5-16　浅层地下水锰含量分布图

（Ⅲ类标准 <0.1 mg/L）

（5）氯化物：标准值≤250 mg/L，本次地下水样品有 6 个样品超标，分别是 ZK05、ZK06、A5、A9、A14 与 A39，最高值为 A5，达到2291.10 mg/L，超标 9.164 倍。

（6）亚硝酸盐：标准值≤0.02 mg/L，本次地下水样品中 DK04、A13 与 A40 超标，最高值为 A40，达到 0.241 mg/L，超标 12.05 倍。

（7）高锰酸盐指数：标准值≤3 mg/L，本次地下水样品有 8 个样品超标，分别是 ZK05、ZK06、A2、A4、A5、A7、A18 与 A39，最高值为 A7，达到 5.12 mg/L，超标 1.70 倍。

（8）溶解性总固体：标准值≤1000 mg/L，本次地下水样品有 11个样品超标，分别是 ZK05、ZK06、DK04、A5、A7、A9、A12、A13、A14、A18、A36、A39 与 A40，最高值为 A5，达到 6146.15 mg/L，超标 6.15 倍。从 TDS 含量分布图可看出研究区范围内仅在望洪镇、东和村附近及惠丰村以东小范围内地下水 TDS 含量符合标准，研究区其他地方均严重超标。

（9）锰离子：标准值≤0.1 mg/L，本次地下水样品除 A4、A7、A13、A30 与 A32 外全部超标，最高值为 A9，达到 3.641 mg/L，超标达到 36.41 倍，锰离子超标原因主要是地层与沉积环境，但高浓度锰离子推测为工业污染。从锰含量分布图（图 5-16）可看出在研究区内只有北部小范围地下水锰离子含量符合要求，在北滩村北侧有小范围地下水锰离子含量严重超标，其余研究区范围内锰离子含量均超标。

（10）锌离子：标准值≤1.0 mg/L，DK04 号孔超标，浓度为1.208 mg/L。

（11）生化需氧量（BOD5）：标准值≤4.0 mg/L，A7 号孔超标，浓度为 6.15 mg/L。

（12）总氮：标准值≤1.0 mg/L，除 A4 外，A2、A5、A7、A11、A13、

A18、A21、A30、A36、A39 与 A40 水样均超标，最高值为 A30，达到 4.23 mg/L，超标 4.23 倍。

（13）总磷：标准值≤0.20 mg/L，A4 号样品超标，浓度为 0.22 mg/L。

（14）石油类：标准值≤0.05 mg/L，A2、A5、A7、A39 与 A40 水样超标，最高值为 A7，为 0.09 mg/L，A2、A5 分别为 0.07 与 0.08 mg/L。

对研究区地下水样化验结果进行分析，研究区地下水超标离子较多，主要超标离子是氮类、铁锰离子与硫酸根离子，基本无重金属超标；较多水样中硬度较高，溶解性总固体超标也比较常见。此外研究区为引黄灌区，农业生产过程中造成地下氮类超标较为严重。总体评价研究区地下水质量不佳，本次样品显示 28 个水样中有 11 个水样水质满足地下水质量Ⅲ类标准，有 17 个水样仅为Ⅳ类地下水（均不能达到地下水质量Ⅲ类标准），研究区地下水不适宜作为集中式生活饮用水水源。

5.3.3 排水沟与渔塘等地表水体水质特征

本次工作采集排水沟水样 12 组，渔塘水样 2 组（图 5-17、表 5-7）。

地表水按照《地表水环境质量标准》（GB3838—2002）中的Ⅲ类标准进行单因子评价和综合评价。对于《地表水环境质量标准》（GB3838—2002）未作规定的溶解性总固体、总硬度和亚硝酸盐指标，采用《地下水质量标准》（GB/T14848—2017）中的Ⅲ类标准进行评价。

研究区地表水超出《地表水环境质量标准》（GB3838—2002）中的Ⅲ类标准的元素主要有硫酸盐、氯化物、铁离子、锰离子、锌离子、铵氮、高锰酸盐指数、生化需氧量（BOD5）、石油类、粪大肠杆菌、总氮和总磷。超出《地下水质量标准》（GB/T14848—2017）中

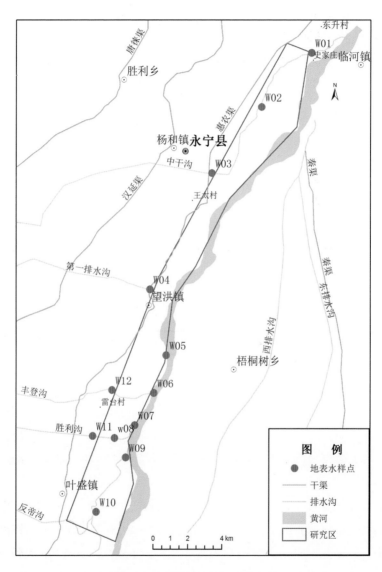

图5-17 地表水采样点分布图

表5-7 研究区地表水水质统计表

地表水体编号		NH_4^+	TFe(全铁)	Cl^-	SO_4^{2-}	NO_3^-	NO_2^-	F^-	高锰酸盐指数
标准值		≤1.0mg/L	≤0.3mg/L	≤250mg/L	≤250mg/L	≤10mg/L	≤0.02mg/L	≤1.0mg/L	≤6.0mg/L
W01	滨河大道中干沟大桥	12.510	0.350	376.128	448.400	5.520	3.604	0.583	24.400
W02	中干沟	18.250	0.330	371.650	374.800	0.510	0.004	0.558	38.000
W03	中干沟与惠农渠交汇处	18.750	0.300	229.856	415.500	6.020	5.012	0.583	17.760
W04	第一排水沟永宁排污控制区	0.360	0.060	213.438	368.100	6.020	0.104	0.864	3.200
W05		0.140	0.130	122.391	247.300	0.510	0.004	0.449	4.920
W06	永宁县李俊镇撞合新村丰登沟	0.100	0.200	222.393	344.900	0.510	0.004	0.345	3.240
W07		0.140	0.070	308.962	471.500	0.510	0.004	0.665	5.680
W08	胜利沟入黄河口	0.010	0.160	105.260	222.700	1.010	0.013	0.300	2.120
W09	罗家河	7.410	0.280	309.580	512.900	16.600	0.785	0.980	6.040
W10		0.530	0.120	141.794	349.000	0.510	0.048	0.449	3.240
W11	胜利沟109交汇处	0.350	0.200	94.032	274.100	0.510	0.012	0.331	3.800
W12	第一排水渠与109交汇处	0.100	0.100	198.512	313.200	0.510	0.004	0.316	3.120
W14	涝塘	2.80	0.20	273.14	248.80	0.51	0.004	0.31	3.60
W15	涝塘	0.63	0.18	158.21	178.40	0.51	0.004	0.62	7.12

续表

地表水体编号		溶解性总固体	总硬度	pH	氰(以CN计)	砷	六价铬	汞
标准值		≤1000 mg/L	≤450 mg/L	6.5~8.5	≤0.2mg/L	≤0.05mg/L	≤0.05mg/L	≤0.0001mg/L
W01	滨河大道中干沟大桥	1805.276	524.681	7.810	0.001	0.0078	0.002	0.0001
W02	中干沟	1697.122	561.352	7.590	0.001	0.0048	0.002	0.0001
W03	中干沟与惠农渠交汇处	1488.030	464.550	7.700	0.001	0.0057	0.002	0.0001
W04	第一排水沟永宁排污控制区	1163.101	483.827	8.110	0.001	0.0046	0.002	0.0001
W05		949.612	565.196	7.890	0.001	0.0069	0.002	0.0001
W06	永宁县李俊镇擂台新村丰登沟	1120.536	515.431	8.230	0.001	0.0001	0.002	0.0001
W07		1592.426	712.601	8.130	0.001	0.0130	0.002	0.0001
W08	胜利沟入黄河口	781.620	424.760	8.100	0.001	0.0040	0.002	0.0001
W09	罗家河	1534.650	532.420	8.070	0.001	0.0050	0.002	0.0002
W10		970.679	477.231	8.190	0.001	0.0044	0.002	0.0001
W11	胜利沟109汇处	820.613	466.693	8.050	0.001	0.0050	0.002	0.0001
W12	第一排水渠与109交汇处	1028.784	500.905	8.200	0.001	0.0053	0.002	0.0001
W14	渔塘	1275.74	465.61	7.77	0.001	0.0069	0.002	0.0001
W15	渔塘	930.08	549.12	7.58	0.001	0.0098	0.002	0.0001

续表

地表水体编号		铜	铅	锌	锰	镉	生化需氧量（BOD5）	酚（以苯酚计）
标准值		≤1.0mg/L	≤0.05mg/L	≤1.0mg/L	≤0.1mg/L	≤0.005mg/L	≤4.0mg/L	≤0.005mg/L
W01	滨河大道中干沟大桥	0.001	0.001	0.029	0.092	0.001	3.17	0.001
W02	中干沟	0.001	0.001	0.017	0.249	0.001	3.07	0.001
W03	中干沟与惠农渠交汇处	0.001	0.001	0.063	0.252	0.001	2.50	0.001
W04	第一排水沟永宁排污控制区	0.001	0.001	0.078	0.010	0.001	2.01	0.001
W05		0.001	0.001	0.020	0.001	0.001	3.13	0.001
W06	永宁县李俊镇雍台新村丰登沟	0.001	0.001	0.007	0.017	0.001	3.05	0.001
W07		0.001	0.001	0.001	0.024	0.001	3.07	0.001
W08	胜利沟入黄河口	0.006	0.001	0.001	0.072	0.001	2.50	0.001
W09	罗家河	0.012	0.001	0.001	0.291	0.001	2.11	0.001
W10		0.001	0.001	0.011	0.007	0.001	2.01	0.001
W11	胜利沟109交汇处	0.001	0.001	0.026	0.051	0.001	1.34	0.001
W12	第一排水渠与109交汇处	0.001	0.001	0.016	0.014	0.001	4.42	0.001
W14	渔塘	0.001	0.001	0.031	0.022	0.001	3.17	0.001
W15	渔塘	0.001	0.001	0.048	0.045	0.001	1.92	0.001

续表

地表水体编号		总磷	总氮	石油类	阴离子表面活性剂	硫化物	粪大肠菌群（个·L⁻¹）
标准值		≤0.20mg/L	≤1.0mg/L	≤0.05mg/L	≤0.20mg/L	≤0.20mg/L	≤10000
W01	滨河大道中干沟大桥	**1.49**	**11.90**	0.05	0.07	0.005	20
W02	中干沟	**1.68**	**6.33**	**0.27**	0.09	0.005	**35000**
W03	中干沟与惠农渠交汇处	**1.23**	**12.60**	**0.10**	**0.45**	0.005	20
W04	第一排水沟永宁排污控制区	0.06	**2.46**	0.05	0.05	0.005	20
W05		0.03	**1.57**	**0.13**	0.05	0.005	20
W06	永宁县李俊镇雒合新村丰登沟	0.06	**4.27**	0.04	0.05	0.005	20
W07		0.05	**1.71**	**0.09**	0.05	0.005	20
W08	胜利沟入黄河口	0.03	**2.19**	0.04	0.05	0.005	20
W09	罗家河	0.12	**1.71**	**0.12**	0.05	0.005	20
W10		0.08	**1.83**	0.04	0.05	0.005	20
W11	胜利沟109交汇处	0.10	**2.02**	0.04	0.05	0.005	20
W12	第一排水渠与109交汇处	0.05	**1.47**	0.04	0.05	0.005	70
W14	渔塘	**0.53**	**2.63**	**0.18**	0.05	0.005	20
W15	渔塘	0.13	**2.34**	**0.17**	0.06	0.005	3500

注：加粗为超标项。

的Ⅲ类标准的有溶解性总固体、总硬度和亚硝酸盐。以下对超标离子
的情况做简单说明。

（1）铵氮：标准值≤1.0 mg/L，本次地表水样中有 5 个样品超标，
分别是 W01、W02、W03、W09 与 W14，最高值为 W03，达到 18.75 mg/L，
超标达到 18.75 倍。W03 取样地点是中干沟与惠农渠交汇区。W01 为
滨河大道中干沟大桥处，W02 为永宁黄河大桥北中干沟，W09 为罗家河。

（2）铁离子：标准值≤0.3 mg/L，本次地表水样中有 2 个样品超
标，分别是 W01 与 W02，最高值为 W01，为 0.350 mg/L，两个水样点
铁离子超标浓度均不大。W01 为滨河大道中干沟大桥处，W02 为永宁
黄河大桥北中干沟。

（3）氯化物：标准值≤250 mg/L，本次地表水样中有 5 个样品超
标，分别是 W01、W02、W07、W09 与 W14，最高值为 W01，为
376.128 mg/L，超标 1.5 倍。W01 为滨河大道中干沟大桥处，W02 为永
宁黄河大桥北中干沟，W09 为罗家河。

（4）硫酸盐：标准值≤250 mg/L，本次地表水样品除 W05、W08、
W14 与 W15 外全部超标。最高值为 W09，为 512.90 mg/L，超标 2.05
倍，W09 为罗家河。

（5）高锰酸盐指数：标准值≤6 mg/L，本次地表水样中有 5 个样
品超标，分别是 W01、W02、W03、W09 与 W15，最高值为 W02，达
到 38.00 mg/L，超标达到 6.33 倍，W02 取样地点为永宁黄河大桥北中
干沟。W01 取样地点为滨河大道中干沟大桥处，W03 取样地点是中干
沟与惠农渠交汇区，W09 取样地点为罗家河。

（6）锰离子：标准值≤0.1 mg/L，本次地表水样中有 3 个样品超
标，分别是 W02、W03 与 W09，最高值为 W09，达到 0.291 mg/L，超
标达到 2.91 倍。W02 为永宁黄河大桥北中干沟，W03 是中干沟与惠

农渠交汇处，W09 为罗家河。

（7）汞离子：标准值≤0.0001 mg/L，W09 号样品超标，浓度为 0.0002 mg/L。W09 为罗家河。

（8）总氮：标准值≤1.0 mg/L，本次所有地表水样均超标，最高值为 W03，达到 12.6 mg/L，超标达到 12.6 倍。W03 取样地点是中干沟与惠农渠交汇区。

（9）总磷：标准值≤0.20 mg/L，本次地表水样中有 4 个样品超标，分别是 W01、W02、W03、W14，最高值为 W02，为 1.68 mg/L，超标达到 8.4 倍，W02 取样地点为永宁黄河大桥北中干沟。W01 取样地点为滨河大道中干沟大桥处，W03 取样地点是中干沟与惠农渠交汇区。

（10）石油类：标准值≤0.05 mg/L，W02、W03、W05、W07、W09、W14 与 W15 等 7 个水样超标，最高值为 W02，为 0.27 mg/L。

（11）生化需氧量（BOD5）：标准值≤4.0 mg/L，W12 号样品超标，浓度为 4.42 mg/L。W12 为第一排水渠与 109 交汇处。

（12）粪大肠杆菌：≤10000 个 /L，W02 号水样超标，浓度为 35000 个 /L。

（13）总硬度：标准值≤450 mg/L，本次地表水样品除 W08 外其余样品均超标，最高值为 W07，为 712.601 mg/L，超标 1.58 倍。

（14）亚硝酸盐：标准值≤0.02 mg/L，本次地表水样品中有 5 个样品超标，分别是 W01、W03、W04、W09 与 W10。最高值为 W03，达到 5.012 mg/L，超标达到 250 倍。

（15）溶解性总固体：标准值≤1000 mg/L，本次地表水样品中有 9 个样品超标，分别是 W01、W02、W03、W04、W06、W07、W09、W12 与 W14，最高值为 W01，为 1805.276，超标 1.805 倍。

通过对排水沟与渔塘水质数据进行分析，研究区地表水体超标离子种类较多，其中氮类超标较为普遍，不满足《生活饮用水卫生标准》（GB5749—2006）。大量开采地下水后，排水沟与渔塘水入渗补给地下水，长期饮用，日积月累对人体健康产生潜在威胁。

5.3.4 土壤中重金属离子分布特征

本次主要在排水沟附近采集土壤，进行测试分析，土壤质量评价采用《土壤环境质量标准（修订）》（GB 15618—2008）第二级标准进行单因子评价和综合评价，筛查判识土壤污染危害程度。土壤中污染物监测浓度低于筛选值，一般可认为无土壤污染危害风险，土壤中污染物监测浓度高于筛选值的土壤具有污染危害的可能性。

如图 5-18 所示土样取样点分布图，其中 T01、T02、T03、T04、T05 取样点均位于中干沟附近，T01、T02、T03 沿正东方向分别离沟边 0 m、3 m 与 10 m，T04、T05 沿正西方向分别离沟边 0 m 与 5 m；T06 取样点位于丰登沟旁；T07 取样点位于胜利沟旁。每一取样点按深度不同分别取土样 3~5 组，编号 T01-1、T01-2 以此类推见表 5-8。

研究区所取土壤样品超出《土壤环境质量标准（修订）》（GB 15618—2008）第二级标准的元素主要有总镉、总铅、总镍和总铜见表 5-9。从表 5-9 可以看出，超标最严重的为总镉，超标率达到 62.50 %；其次是总铅，超标率为 12.50 %；总锌和总铜超标率均为 4.17 %。以下对超标离子的检出做简单说明。

总镉：标准值≤1.0 mg/kg，T01、T02、T03 中除 T03-5 号样品外，其他样品全部超标，T04、T05-1 号样品也超标，最高值为 T04-3 号样品，达到 21.37 mg/kg，超标 21.37 倍，从分布来看，中干沟附近土样总镉超标情况较为严重。

总铅：标准值≤80 mg/kg，T02-1、T02-2 与 T04-1 号样品超标，最高值为 T02-1 号样品，达到 3174.72 mg/kg，超标 39.68 倍，说明中

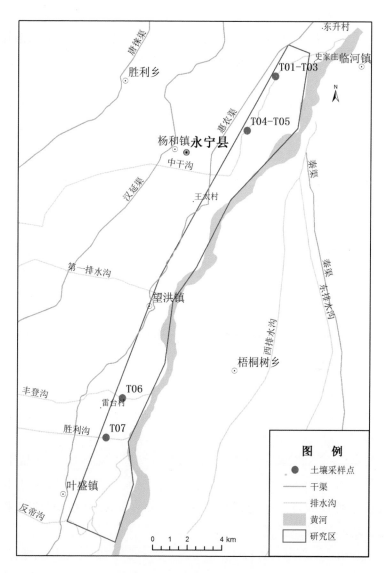

图 5-18　土样取样点分布图

表 5-8　土壤样检测结果表

送样号	取样深度/m	$\omega(Ni)$ /10^{-2} ≤100mg/kg	$\omega(Zn)$ /10^{-2} ≤300mg/kg	$\omega(Cr)$ /10^{-2} ≤350mg/kg	$\omega(Cu)$ /10^{-2} ≤100mg/kg	$\omega(Cd)$ /10^{-6} ≤1.0mg/kg	$\omega(Pb)$ /10^{-6} ≤80mg/kg
T01-1	0.0~0.2	26.95	126.975	56.425	30.025	**1.95**	22.61
T01-2	0.5~0.8	26.55	115.425	64.625	26.475	**2.60**	21.53
T01-3	0.9~1.1	27.5	206.775	61.3	28.925	**8.53**	26.89
T01-4	1.4~1.7	22.15	177.775	50.25	**7040**	**2.03**	46.10
T02-1	0.8~1.0	23.275	141.45	53.05	55.875	**6.57**	**3174.72**
T02-2	1.1~1.3	23.425	106.475	51.575	26.85	**3.41**	**194.86**
T02-3	1.4~1.6	23.025	140.025	52.25	22.175	**4.59**	58.66
T03-1	0.0~0.4	31.125	104.05	65.575	29.5	**1.32**	26.84
T03-2	0.6~0.9	27.75	187.4	61.225	28.2	**6.34**	25.63
T03-3	1.3~1.5	37.875	182.2	77.3	41.525	**2.16**	33.41
T03-4	1.8~2.1	30.9	131	65.35	33.625	**1.02**	28.34
T03-5	2.4~2.7	25.5	111.5	60.225	25	0.85	25.01
T04-1	0.0~0.3	28.375	263.125	72.825	38	**9.87**	**102.15**
T04-2	0.4~0.7	28.4	298.625	65.15	31.125	**16.57**	30.88
T04-3	1.5~2.5	24.425	**336.375**	57.05	25.075	**21.37**	25.13
T05-1	0.3~0.5	30.9	104.225	64.45	35.05	**1.44**	45.79
T05-2	0.7~1.4	20.85	56.025	49.6	18.125	0.079	19.45
T05-3	1.5~3.1	17.725	52.1	48.025	17.025	0.13	16.75
T06-1	0.0~0.7	32.675	105.8	69.625	34.4	0.39	29.70
T06-2	0.8~1.1	33.825	101.075	73.1	35.05	0.31	30.25
T06-3	1.3~1.5	36.55	103.975	78.025	39.25	0.19	35.49
T07-1	0.0~0.4	31.875	89.425	68.75	33.675	0.44	28.22
T07-2	0.5~0.8	30.5	99.525	63.2	30.5	0.34	25.05
T07-3	1.1~1.3	27.975	79.7	60.55	29.975	0.061	23.57

　　注：加粗为超标项。

表 5-9　土壤污染检测结果表

监测项目	总镍	总锌	总铬	总铜	总镉	总铅
标准	≤100mg/kg	≤300mg/kg	≤350mg/kg	≤100mg/kg	≤1.0mg/kg	≤80mg/kg
样本总数	24	24	24	24	24	24
超标样品数	0	1	0	1	15	3
超标率	0.00	**4.17**	0.00	**4.17**	**62.50**	**12.50**

注：加粗为超标项。

干沟附近存在土样总铅超标情况。

总锌：标准值≤300 mg/kg，只有 T04-3 号样品超标，为 336.375 mg/kg，超标 1.12 倍。

总铜：标准值≤100 mg/kg，只有 T01-4 号样品超标，为 7040 mg/kg，超标 70.4 倍。

此外，作超标离子含量与距离排水沟远近及取样深度的变化曲线（图 5-19、图 5-20、图 5-21、图 5-22），从图中可以看出，在各个深度处，距离排水沟越近，镉超标含量越大，随着距离增大，镉含量呈下降趋势。在地下 2 m 深范围内镉含量超标倍数较高，排水沟与渔塘等地表水体入渗补给地下水的过程中与地层接触发生溶滤作用，土壤中的一些超标组分易淋溶或随渗水进入地下水，日积月累造成浅层地下水水质变差。

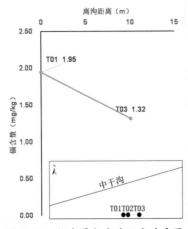

图 5-19　镉含量与离沟距离关系图

（深度 0.0~0.4 m）

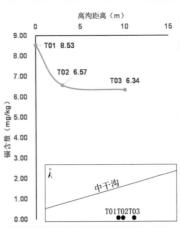

图 5-20　镉含量与离沟距离关系图

（深度 0.8~1.1 m）

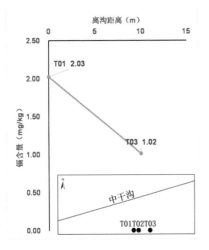

图 5-21　镉含量与离沟距离关系图

（深度 1.5~2.0 m）

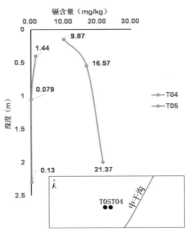

图 5-22　镉含量与深度关系图

第6章 结 论

    本书在充分利用前人研究成果的基础上，以地表水与地下水水力联系强弱为主要出发点，综合运用水文地质学、水文地球化学、现场抽水试验及数值模拟等理论方法，分析研究区水资源量、水质特征及潜在的环境污染风险，并取得以下结论：

    （1）水文地质条件：研究区含水层岩性以细砂为主，厚 50 m，渗透系数小，富水性弱；水位埋深小于 3 m，主要接受田间灌溉入渗补给、大气降水入渗补给，地下水流自南西向北东黄河径流，排泄方式以蒸发和排水沟排泄为主；地下水溶解性总固体较高，以 $HCO_3 \cdot SO_4^{2-}$—$Na^+ \cdot Ca^{2+} \cdot Mg^{2+}$ 型水为主，地下水与地表水水化学特征差异较大。

    （2）水文地质参数计算：通过稳定流抽水试验求得研究区含水层渗透系数在 5～10 m/d；非稳定流抽水试验求得渗透系数为 7.7 m/d，给水度为 0.11。

    （3）地下水资源评价：通过解析法和数值法求得研究区天然资源量约为 3.2 万 m^3/d。地下水溶解性总固体高，超过《生活饮用水卫生标准》（GB5749—2006）的离子较多，不适合作为生活饮用水。

    （4）傍河取水可行性论证

    第一，研究区含水层颗粒细，渗透性差，黏性土含量较多，易造成开采井滤水管堵塞，造成水量减小；从地层岩性来看，不适宜实施辐射井。

第二，通过 ZK03 孔傍河抽水试验，发现随着开采量增大，水位持续下降。上层潜水受三维流影响，井阻效应显著增强，补给能力减弱；下层承压水层随着降深增大，补给能力增强。黄河岸边地下水持续下降，未能形成稳定的水头边界，反映出地表水与地下水水力联系较弱。

通过 ZK03 非稳定流水质观测，地下水溶解性总固体含量随着抽水时间延长而持续增大。溶解性总固体小于 1 g/L 的黄河水不能迅速补给含水层，导致水质变差，反映出地下水与黄河水的水力联系比较弱。

现状条件下地下水向黄河排泄，开采状态下黄河将补给地下水。在允许降深 25 m 的条件下，研究区最大允许开采资源量为 4.767 万 m³/d，可获得的黄河水激发补给量仅 2.196 万 m³/d，约占总补给量的 38.91 %，截取的资源量较小，不适宜大规模开发利用。

第三，研究区浅层地下水水质较差，有 13 项离子超过水质标准；黄河水总氮超标率 100 %，锰离子超标率 66.7 %，全铁、亚硝酸盐、石油类超标率小于 50 %；渠系、排水沟等地表水体中总氮、总硬度、硫酸盐、溶解性总固体超标率普遍大于 50 %，局部地区阴离子表面活性剂、粪大肠菌群等超标，其中中干沟与罗家河水质超标现象较为严重，胜利沟与丰登沟水质超标现象较轻，第一排水沟水质超标现象居中。大量开采地下水后，地下水位下降，排水沟排泄地下水量减少，甚至可能转化为地下水的补给来源，对地下水水质产生严重威胁。

此外，土壤样中总镉超标最严重，超标率达到 62.50 %，距离排水沟越近，土壤中镉超标含量越大。开采状态下，上部水入渗补给过程中易使有毒成分淋滤进入地下水，对人体健康产生威胁。

综上所述，研究区地层岩性较细，浅层地下水富水性较差，能激发黄河补给资源量较少，且整体水质较差，不适宜建设傍河水源地。

参考文献

[1] 温传磊，董维红，崔庚，等.应用解析法确定傍河水源地地下水开采方案 [J] .水文地质工程地质，2017，44（03）：19-26.

[2] 张志军，张伟，陈霄，等.中宁县黄河滩地傍河取水工程辐射井设计与施工 [J] .探矿工程（岩土钻掘工程），2017，44（03）：69-72.

[3] Xu SH W，Chong X CH，Jiu J. Modified Theis equation by considering the bending effect of the confining unit [J] . Advances in Water Resources，2004，27（10）.

[4] 陈崇希.地下水动力学 [M] .武汉：中国地质大学出版社，1999.

[5] 张蔚榛.地下水非稳定流计算和地下水资源评价 [M] .北京：科学出版社，1983.

[6] 王旭升，陈崇希.改进的 Theis 井流模型及其解析解——考虑含水层顶板的挠曲作用 [J] .地球科学，2002（02）：199-202.

[7] Sushil K. Drawdown due to Pumping a Partially Penetrating Large-Diameter Well Using MODFLOW.Journal of Irrigation and Drainage Engineering，2009，135（3）：388-392.

[8] Sushil K. Semianalytical Model for Drawdown due to Pumping a Partially Penetrating Large Diameter Well.Journal of Irrigation and Drainage Engineering，2007，133（2）：155-161.

[9] Konstadinos N. One –dimensional unsteady inertial flow in phreatic aquifers induced by a sudden change of the boundary head [J] . Trans-

port in Porous Media，2007（1）：97-125.

[10] Pater S C，Mishra G C. Analysis of Flow to a large-diameter well by a discrete kernel approach. Ground Water，1983.

[11] Zhang W，Zhan H B，Wang X L，et al. Well hydraulics in pumping tests with exponentially decayed rates of abstraction in confined aquifers [J]. Journal of Hydrology，2017，548.

[12] Simon A M，Zhang W. Numerical simulation of Forchheimer flow to a partially penetrating well with a mixed-type boundary condition [J]. Journal of Hydrology，2015，524.

[13] Deepesh Machiwal，Singh P K，Yadav K K. Estimating aquifer properties and distributed groundwater recharge in a hard-rock catchment of Udaipur.Applied Water Science，2017，7（6）：3157-3172.

[14] Darama Y. An Analytical Solution for Stream Depletion by Cyclic Pumping of Wells Near Streams with Semipervious Beds [J]. Groundwater，2001，39（1）：79–86.

[15] Spalding C P，Khaleel R. An evaluation of analytical solutions to estimate drawdowns and stream depletions by wells [J]. Water Resources Research，1991，27（4）：597–609.

[16] Shu L，Chen X. Variation process of hydrologic elements of river-aquifer system [J]. Journal of Hehai University，2003，31（3）：251-254.

[17] Hantush M M，Harada M. Hydraulic Analysis of Baseflow and Bank Storage in Alluvial Streams [M]. Wetlands Engineering & River Restoration Conference，2001.

[18] Fox G A，Durnford D S. Unsaturated hyporheic zone flow in stream/

aquifer conjunctive systems [J]. Advances in Water Resources, 2003, 26 (9): 989-1000.

[19] Fox G A, Gordji L. Consideration for Unsaturated Flow beneath a Streambed during Alluvial Well Depletion [J]. Journal of Hydrologic Engineering, 2007, 12 (2): 139-145.

[20] 刘国东，李俊亭.傍河强采地下水的渗透机理研究 [J]. 中国科学：技术科学, 1997, 27 (4): 375-380.

[21] 刘国东，李俊亭.Seepage laws in aquifer near a partially penetrating river with an intensive extraction of ground water [J].Science in China, 1997 (05): 489-496.

[22] 潘世兵，王忠静，邢卫国.河流-含水层系统数值模拟方法探讨 [J].水文, 2002, 22 (4): 19-21.

[23] 潘世兵，王忠静，田伟.河西走廊地下水系统数值模拟中的几个问题探讨 [J].水文地质工程地质, 2002, 29 (5): 59-61.

[24] 潘世兵，朱雪芹，王忠静.河西走廊地下水系统数值模拟中的几个问题探讨——以酒泉盆地为例 [J].工程勘察, 2003 (6): 27-30.

[25] 安永会，张福存，潘世兵.黄河三角洲浅层地下水三维数值模型与咸水入侵分析预测 [J].工程勘察, 2001 (5): 19-21.

[26] 杨晓婷.傍河抽水驱动下污染物在河流—地下水系统中运移机理研究 [D].长安大学, 2011.

[27] 姚珂君，王文科，王世东.傍河抽水驱动下河流与地下水关系演化的数值模拟研究发展概况及存在的问题 [J].地下水, 2012, 34 (05): 1-6.

[28] 姚珂君.傍河抽水驱动下河流与地下水关系演化的数值模拟研究 [D].长安大学, 2010.

[29] 吴亚娜.傍河抽水驱动下河流污染对地下水影响的模拟研究 [D] . 长安大学，2011.

[30] 高敏.半干旱地区河床渗透系数空间变异性研究 [D] .长安大学，2012.

[31] 王军辉，吕连勋，王峰.傍河工程中地下水与地表水水力联系研究 [J] .工程勘察，2018，46（01）：39-45.